大阪滋味

美食記者私藏的大阪街區美味情報

江弘毅——著 鄭光祐——譯

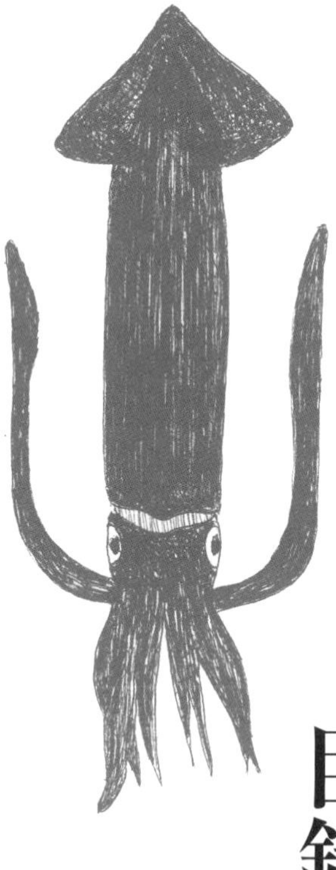

目錄

北大阪

船場

美食街區與美味的老店

大阪美味實況轉播 美味特輯

南區

美食街區與美味的老店

大阪其他

為何提到燒肉就想到大阪呢？

北大阪

梅田・北新地・堂島
中之島・福島・天滿

無論是置身人來人往的列車終站，或是結束一天工作的上班族，於夜間穿梭在有如迷宮般錯綜複雜的站內地下街，人終究得以尋覓到一間帶來歸屬感的小店。這就是大阪。

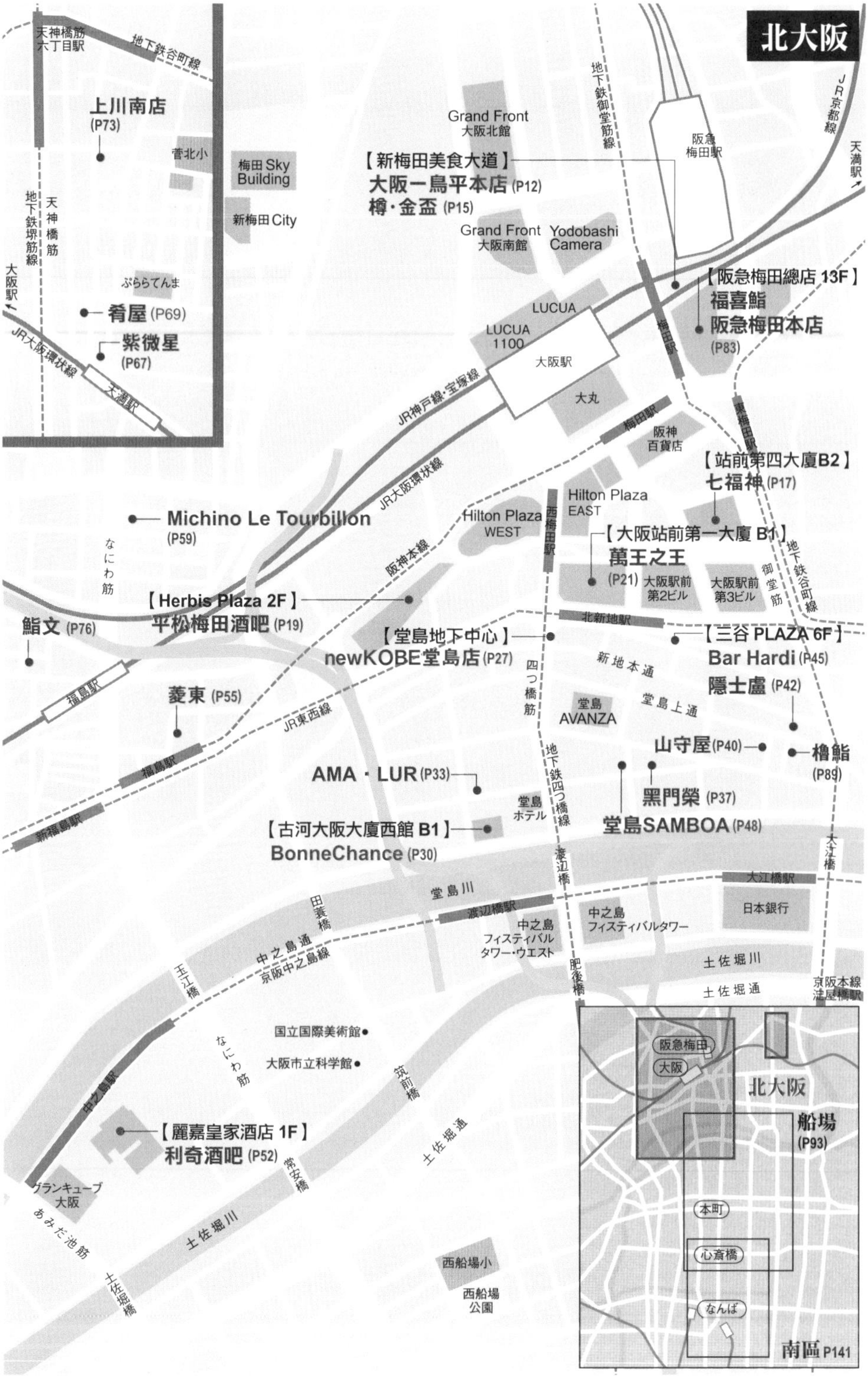
北大阪
天神橋筋六丁目駅
地下鉄谷町線
上川南店
(P73)
菅北小
梅田Sky Building
新梅田City
地下鉄堺筋線
天神橋筋
大阪駅
ぷららてんま
肴屋 (P69)
紫微星
(P67)
JR大阪環状線
天満駅
Grand Front 大阪北館
【新梅田美食大道】
大阪一鳥平本店 (P12)
樽・金盃 (P15)
Grand Front 大阪南館
Yodobashi Camera
地下鉄御堂筋線
阪急梅田駅
JR京都線
天満駅
【阪急梅田總店 13F】
福喜鮨
阪急梅田本店
(P83)
梅田駅
LUCUA
LUCUA 1100
大阪駅
大丸
JR神戸線・宝塚線
梅田駅
阪神百貨店
東梅田駅
【站前第四大廈B2】
七福神 (P17)
JR大阪環状線
Hilton Plaza EAST
Hilton Plaza WEST
西梅田駅
Michino Le Tourbillon
(P59)
なにわ筋
阪神本線
【大阪站前第一大廈 B1】
萬王之王
(P21)
大阪駅前第2ビル
大阪駅前第3ビル
御堂筋
地下鉄谷町線
【Herbis Plaza 2F】
平松梅田酒吧 (P19)
鮨文 (P76)
北新地駅
【堂島地下中心】
newKOBE堂島店 (P27)
【三谷 PLAZA 6F】
Bar Hardi (P45)
隱士盧 (P42)
福島駅
新地本通
四つ橋筋
堂島上通
堂島 AVANZA
菱東 (P55)
JR東西線
山守屋 (P40)
櫓鮨
(P89)
福島駅
AMA · LUR (P33)
黑門榮 (P37)
地下鉄四つ橋線
堂島ホテル
堂島SAMBOA (P48)
新福島駅
【古河大阪大廈西館 B1】
BonneChance (P30)
渡辺橋
大江橋
大江橋駅
堂島川
田蓑橋
渡辺橋駅
中之島フェスティバルタワー・ウエスト
中之島フェスティバルタワー
日本銀行
中之島通
京阪中之島線
玉江橋
肥後橋
土佐堀川
土佐堀通
京阪本線淀屋橋駅
国立国際美術館
大阪市立科学館
なにわ筋
筑前橋
中之島駅
【麗嘉皇家酒店 1F】
利奇酒吧 (P52)
土佐堀通
常安橋
グランキューブ大阪
あみだ池筋
土佐堀川
土佐堀橋
西船場小
西船場公園
阪急梅田
大阪
北大阪
船場
(P93)
本町
心斎橋
なんば
南區 P141

美食街區與美味的老店

1

最道地的大阪味——非踩點不可的新梅田美食大道

JR大阪站是當地最大車站，自大阪環狀線的一號線月台起算，至開往北陸方向，總計有11條列車路線。「新梅田美食大道」位於大阪站往新大阪・京都方向正東方的高架下。大阪車站腹地廣大，約有一百間店家藏身於這條美食大道；正巧美食大道北側入口有座手扶梯，連接通往阪急梅田站的進站口，因此樹立起美食大道的地位。

在這座地下兩層的建築裡，滿是擠進10個人便水洩不通的迷你店鋪。章魚燒、大阪燒、各式麵類、生魚片、西式或中式料理……琳瑯滿目，想吃什麼都有。甚至也有幾間氛圍略顯格格不入的小酒館、黑輪攤販、串燒又或是立呑店家。這條美食大道被喻為「最具大阪風的美食街」，主要是因為昭和20年代（1945年起）時興起連鎖店風潮，但這條街的店家服務態度皆是「招待過路客如同常客」般的一視同仁，充滿著濃濃的大阪精神。

當你步行在這條街道上便能夠感受到大阪風情。美食大道的黃金地段上雖然也有麥當勞

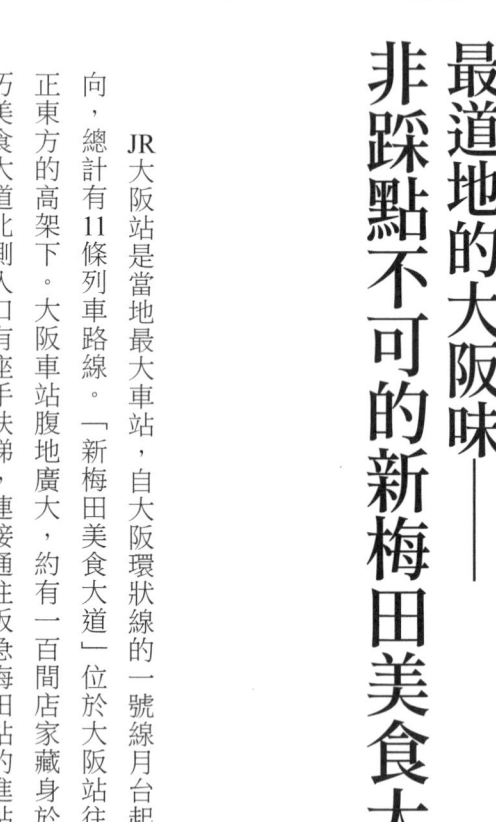

或吉野家等連鎖店面，但若想稍微體會不同氛圍，不妨試試立呑酒吧或洋食小酒館，這些店家進出容易、將店面空間運用得宜，是「標準的大阪style」。

不論是白天或晚上，這條美食大道就像是我的餐廳。第一次知道這個地方已經是40多年前了，那時想搭阪急電車到大學上課，就這樣從大學時期開始，到畢業後成為社會新鮮人、30歲左右成為總編輯，到現在是位50多歲的中年人。現在美食大道裡的店家雖然跟以往有所不同，但是以串炸出名的「松葉総本店」、串燒『大阪一鳥平本店」（大阪一とり平本店）（P．12）、阪急百貨旁的霜淇淋專賣店「廣田」（ヒロタ）……等店家，仍屹立至今。即使目前美食大道許多店面經營模式轉型，或是店面不斷汰舊換新，但除了麥當勞、吉野家與特別設置的吸菸區之外，伸手可及的仍然是當年美食大道的懷舊風情。

先前向「鳥平」第三代老闆中村元信先生借了本《新梅田美食大道50年的足跡》（暫譯，新梅田食道街50年のあゆみ）一書，裡頭記載著許多深具涵義及令人玩味的事。

GHQ曾報導這條美食街的設立初衷，是補助日夜趕工的國鐵職員或是鐵道建設相關的退休人員，隸屬於（株）鉄道施設厚生會，於昭和25年（1950年）正式營運，當時僅有18間店面。

已故社長川口清藏氏認為：「之所以創立美食街，正因為大阪有著『大阪人之愛美食，傾家蕩產也再所不惜』之名，就算不是大廚師，每個人也都能經營餐館。」於是特別請來行家指導非專業人士，就成了美食大道的起源。當時受到行家指導開業至今，並總是高朋滿座的餐館便是「章魚梅北店」（たこ梅北店）。

戰後隨即失業的國鐵勞工為了掙口飯吃，深感經營餐館一事迫在眉睫，便選擇當時大阪

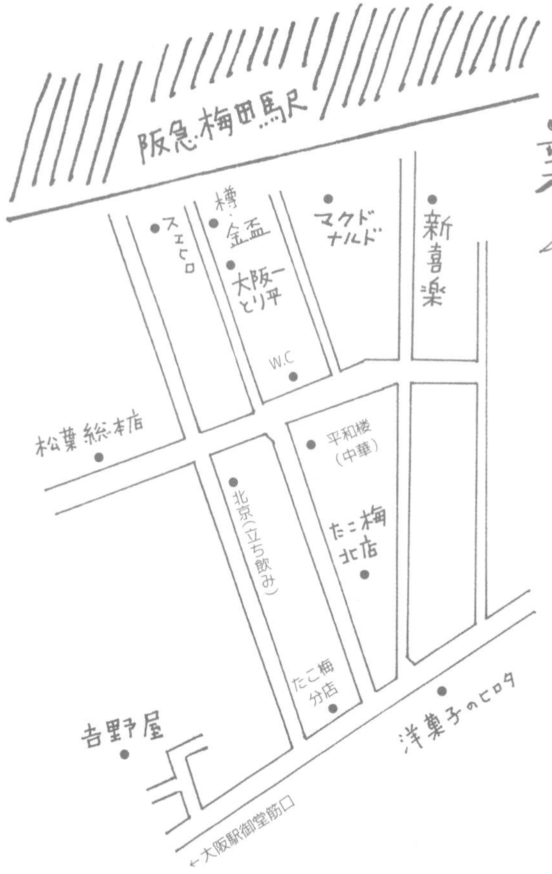

新梅田食道街

Shin-umeda shokudo gai

車站周遭，林立黑市與組合屋等臨時安置所的地區為據點，這讓我深深體會到大阪人那股「不管怎樣，做就對了」的豁達精神。

我在寫這本書之前問了很多朋友：「我應該去哪些店家好呢？」說實在的，自己腦中的名單也如噴泉般湧現：「『章魚』跟『松葉』是非去不可，午餐可以吃『新喜樂』的定食，再搭阪急的手扶梯到樓下的喫茶店、『鳥平』與同條街道上的蕎麥麵店。」

無論如何，每個人想踩的點都不盡相同。以我來說，如果是中午左右搭阪急的話，通常都會去「末弘」（スエヒロ）吃午餐；一想到只要點當日午餐套餐，服務人員會在入座後立刻送上濃湯的畫面，就令我垂涎。由於12點是用餐尖峰時段，也會有人提前到11點就用午餐，亦或是刻意等到下午1點才來。

走進「末弘」左邊的通道，進入眼簾

的便是絕對稱得上大阪最具代表性的「樽・金盃」（P・15）與「大阪一鳥平本店」，兩間並列就成為極強烈的存在。每到晚上8、9點，不曉得從哪來的客人總是將店裡擠得水洩不通。由於這兩間店現在主要客群為20歲上下的年輕人，不知何時開始「樽・金盃」室內已不再禁菸。有一次我跟做菜時總是邊哼歌或邊聊天的主廚說：「我能不能去吸菸區抽菸呢？我從不在室內抽菸的。」那是頭一遭步出人滿為患的店裡，但是開關門的時候總覺得對站在門邊的客人有點不好意思，因此那晚我連一次廁所都沒去。

中午時分經過「鳥平」，看見裡頭3名店員彷彿沒看見客人用餐後的杯盤狼藉，顧著在櫃台前串雞肉串。還有一次某位客人說：「既然是最後加點了，那麼就鴨肉跟鴨皮各來二串吧。」店裡師傅發現還要再重新添滿炭火才能繼續出餐，於是便向客人說：「我們已經準備打烊了，不再接受加點」。

新梅田美食大道可是不乏這樣充滿個性的店家呢！

新梅田美食大道

大阪一 鳥平本店

（大阪一とり平本店）

——「大阪第二」必點合鴨下酒菜

招牌下酒菜，鴨肉佐青蔥、洋蔥與白蘿蔔泥一同享用。

野生鴨與家禽鴨交配所生的「合鴨」發跡於大阪。這是我進到這間店後知道的第一件事。當時我一坐到吧台座位，便端上小盤子盛裝的辣椒粉，與用來轉換口腔味道的白蘿蔔泥，之後送上招牌下酒菜——烤合鴨皮及烤合鴨肉，共4串。

昭和26年（1951年）創業初期，食材原物料來源尚嫌不足，偶然機緣之下由繁殖合鴨的飼育場批發進貨（現在仍然由該飼育場批貨）。店內的料理彷彿在緬懷過往那段時光，合鴨表皮的脂肪香氣與醬汁結合後，味道讓人食指大動。而大廚似乎都在觀察客人吃下每一盤料理時的反應，一邊透過客人的神情來判斷其喜好、食用的進度，思考著該如何運用食材推薦下一道料理，才能獲得客人青睞。

此外，與合鴨齊名的鳥平必點料理，是乍看之下跟料理無關的「合鴨搖屁屁」（ネオポンポン）與「合鴨怦怦跳」（ネオドンドン）。這兩道究竟是什麼料理呢？這其實是第一代老闆時期設計的菜單。「ポンポン」指的是鴨子走路

用備長炭烤得火熱的烤台溫度，就連坐在吧台也感受得到，師傅更是滿頭大汗。

時，屁股左右搖擺的樣子；而「ドンドン」則是心臟噗通噗通跳動的模樣。雖然現在看來，這類大阪式的命名法似乎有點老掉牙了。

以大火燒紅備長炭的燒烤方式是鳥平的特色；表面以大火燒烤、內層則保有嫩度，如此呈現外焦內嫩，口感非常有層次。咀嚼的瞬間有種半生熟的錯覺，搭配以醬油為基底的清爽醬汁，實在是太對味了。因此除了可以稍微沾點黃芥末之外，就不需要再灑七味粉或胡椒粉；店家每3週會少量製作一次醬汁，添進創業時沿用至今的醬汁。而店名中的「大阪一」，便是大阪第一的自信象徵。

以驚人手藝燒烤而成的「合鴨怦怦跳」和烤洋蔥（2串400圓）。

店家資訊

大阪一鳥平本店

鴨肉點得多時，使用較濃郁的醬汁；而雞肉料理多時，則以清爽醬汁為主，並依據當天用餐情況推薦食材。以蛋黃與鵪鶉蛋製成的「黃金鵪鶉蛋」（ネオゴールドダイヤ）也廣受好評。店內吧台僅13席。創業原址位於現今新阪急飯店的地點，直到昭和42年（1967年）才遷至現址。另有分店位於新梅田美食大道。

- 大阪市北角田町9-10　新梅田食道街
- 06-6312-2006
- 週一至週五，15：30～22：30
週六，12：00～22：00（國定假日～21：00）
週日公休

極為狹小的空間矗立著兩桶酒，若喜歡小酌，這裡就是天堂。

新梅田美食大道

樽・金盃

一樽酒、下酒菜、樽酒、下酒菜；反覆循環，把酒言歡。

（註：樽酒意即桶裝酒。）

新梅田美食大道開業時就有這家立呑的「樽・金盃」，當時店面位在阪急梅田站旁，最有人氣的中央通路小巷內。緊鄰「大阪一鳥平本店」。

「樽・金盃」的清酒只喝得到桶裝酒。另外也有瓶裝生啤，但你在這裡聽不到居酒屋最常出現的「先來一杯生啤吧」。這是間大約只能容納10個人的迷你小店，牆上貼有菜單，長桌兩頭分別坐鎮著10公升的桶裝酒。無論什麼時段總是大客滿。

肉質超鮮美的鯨魚生魚片（450圓）。小菜的口味非常出色，每道都值得嚐試。

店內的小菜是名符其實的下酒菜，口味相當出色；通常大阪的小菜樣式很沒變化，但「樽・金盃」的小菜可說是無懈可擊。今年冬天店裡的鯖魚壽司與生牡蠣各450圓，是店裡單價最高的料理、海鰻皮與山藥泥鮪魚則各350圓、梅子百合根和涼拌海帶芽各250圓，最後像是納豆、涼豆腐等等小菜則是200圓。之前有位大叔從旁嚷嚷著：「從來沒見過小菜這麼多樣化的立呑居酒屋」。其實我也有同感，因為只有這一種桶裝酒，所以會依照當時心情隨便亂點冷酒、溫酒或熱酒來喝。

我通常會在枡（**編註：喝清酒常用的木盒**）裡加點鹽，再當成下酒菜喝掉。如果你到大阪想品嚐許多下酒菜，然後大口喝酒，那麼到「樽・金盃」再適合不過了。

不論做什麼都邊哼歌或邊閒聊的老闆，總是毫不吝嗇的傾斜木桶將酒倒進杯中，再大口喝下。我最喜歡的品酒順序是「溫清酒、溫清酒、冷酒」，其中木桶香最濃郁的是溫清酒。

店家資訊

樽・金盃

店名雖為「金盃」，但原先釀造桶裝酒的酒廠已歇業，現今則為「白鶴造酒」，並且釀製了專屬這間店的酒。一杯450圓。

大阪市北區角田町9-26　新梅田食道街

06-6311-0223

週一至週五，16：30～23：00（週六～22：00）
週日、國定假日公休

站前第四大廈

七福神

串炸拼盤，含稅800圓有找！

超划算的串炸拼盤。左起分別為牛肉、蝦子、蓮藕、鵪鶉、小青椒以及炸魚，共6種。單品則以夏天的海鰻和冬天的牡蠣最推薦。價格落在每串110圓至165圓之間。

2015年的夏天，所有店家因大阪・梅田地下道擴建工程而被強制撤離，造成一股大騷動。當地媒體隨後也報導了這些昭和名店的動態去向。

其中一間是位於阪神梅田站西口「悠閒橫丁」（編註：商店街名，ぶらり横丁）內面積約2・5坪、店內坐位8席的「七福神」串炸小店。因為便宜好吃，CP值很高，營業時間的人潮總是絡繹不絕。

七福神將店面遷移至大阪車站前第四大廈的地下二樓，店內座位也擴增至24席。重新開張一年多後，從店裡營運狀況看來，通常過了傍晚絕對座無虛席；特別是週末午餐時段，生意好到提前至11點半營業也總是客滿，人氣好到難以置信。

至於營業額更不在話下。老闆大越士朗先生表示每天都至少賣出一千串炸串，每天早上8點就有資深店員負責店裡進貨作業。

照片中是稍微沾到醬汁的串炸。提醒大家，串炸店中的醬汁是「禁止二次沾醬」喔。

這裡的串炸大小恰到好處，沾上適當的醬汁再入口，完全不會對胃造成負擔。週六午後，很多人都前來光顧，為得就是要享受「串炸配啤酒」的暢快感。雖然通常都會點串炸拼盤，但最後總也忍不住地「炸牛肉、花枝、章魚、炸蘆筍、炸紅薑……」不斷加點，不知不覺就超過20串也是常有的事。

這間串炸店的好味道是別處吃不到的：加入蛋白霜的麵衣。每天早上製作當天使用的醬汁，是特別用紅酒與蘋果汁調製而成，可以從每個小細節感受到老闆的堅持。

雖然這間店的對面街上也有2間串炸店，位置也在以美食街為賣點的「新天地」交界處；但七福神身為串炸始祖，即便「禁止二次沾醬」的規矩似乎帶有威嚇感，仍以一串100圓的價格打趴那一整條街，實在了得。

「無止盡的串炸，一串接一串。」獨挑大樑的老闆大越士朗先生，與種類超豐富的食材。

遷店時一同帶過來的「悠閒横丁」。

店家資訊

七福神

店內以175度的高溫豬油炸串炸，堅持「炸過頭的絕不端上餐桌」，外酥內嫩的口感是店家最自豪的口感。

大阪市北區梅田1-4　大阪第4大廈B2-2

☎ 無

11:30～22:45（最後點餐）　全年無休

Herbis Osaka

平松梅田酒吧（バーヒラマツ梅田）

——由極具渲染力的平松良友先生，經營的古典雞尾酒吧。

我覺得老闆平松良友先生溫柔的大阪腔，才是店裡最大的特色。

平松梅田酒吧可說是廣為大阪BAR愛好者所知，由世界頂級調酒師平松良友先生經營。

2012年，由於店面位置緊鄰位於西梅田的麗思卡爾頓飯店，再加上附近最奢華的大型商場Herbis Plaza重新開幕。應著地利之便，拓展了名為「平松梅田酒吧」的分店。平松梅田酒吧營造出的氛圍，與當時同樓層的每一間精品時裝店面完全不同，呈現出一股獨一無二且令人放鬆的小空間。

以紅磚堆砌打造牆面，隱藏在深處的不起眼招牌；這樣獨樹一格的店面，在這棟以都市商業為導向的商場中極為少見。推開隱密厚重的大門，映入眼簾的是閃耀著紅褐色的木製吧台，吧台上放著冰鎮中的香檳。

平松先生鑽研雞尾酒及其相關知識，沒有人可以模仿他調製的酒。2012年，他在巴黎的「COCKTAILS SPIRITS」研討會，發表了「當雞尾酒中的含氧量不同，口感會有怎樣的變化」等相關言論。據說有某位身為競爭對

大門位於砌滿紅磚的通道內深處，讓人恍若與世隔絕。

老廣場。平松先生調製的經典雞尾酒總是如此完美剔透。

手的世界級調酒師，為了一睹相關文獻資料，還特地跨海至平松先生的酒吧。

這次我從19世紀最經典的雞尾酒中，選了南美帶燻香味的「老廣場」（單杯1550圓），似乎是款不論在巴黎、紐約或倫敦都獲得高評價的雞尾酒；老廣場的滋味彷彿是帶著曼哈頓的輕柔口感，酒裡散發出香草與輕微苦味，交織而成的餘韻在口中擴散。加點冰塊更加滑順好入口。

若是不知該如何選擇諸多經典酒款，建議不妨由最基本款帝王費士（單杯1050圓）入門。在這個奢華空間，充分享受酒精與令人放鬆的片刻吧。

店家資訊

平松梅田酒吧

帶任何人去都絕對驚豔的地方。這間隱身在街道中的小酒吧，我想就算是獨自一人來喝酒，也會從此愛上洋酒吧。

- 大阪市北區梅田2-5-25　Herbis Plaza 2F
- 06-6456-4774
- 16：00～1：00　不定時公休

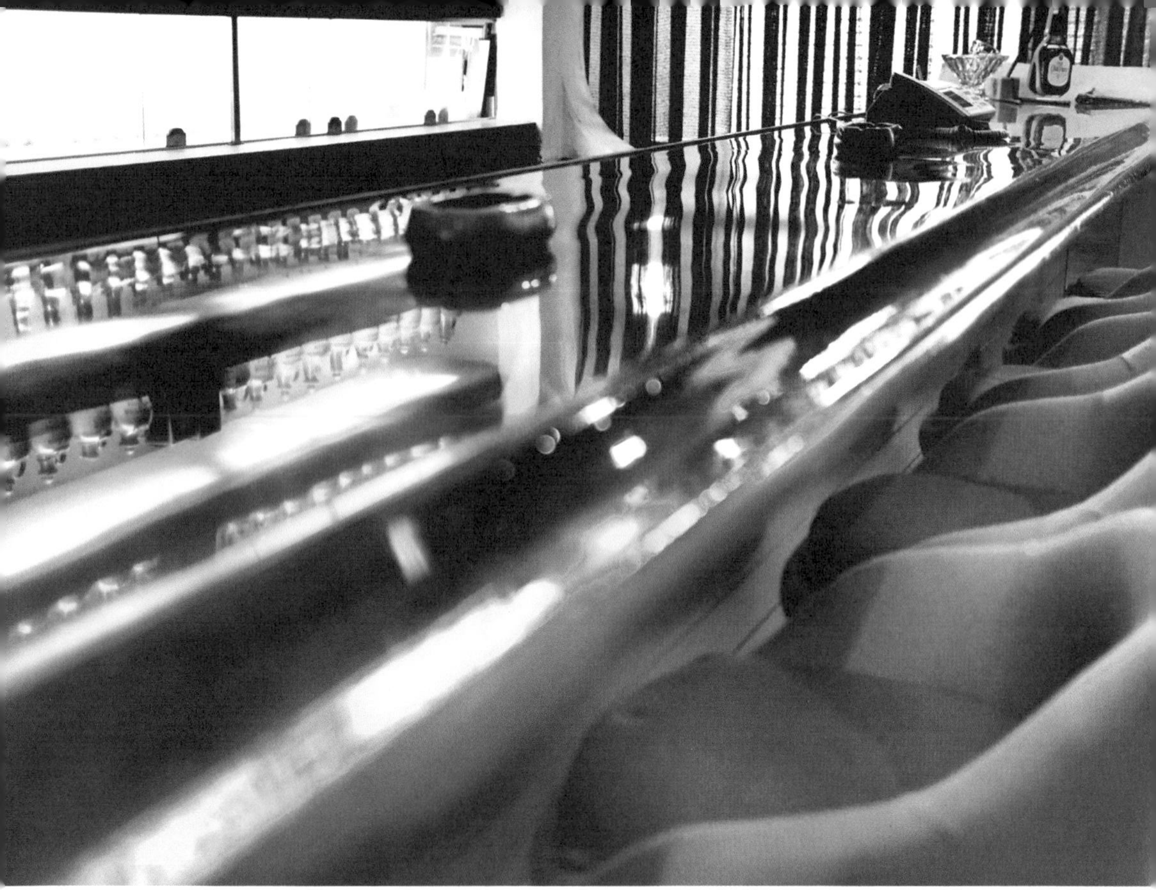

具有中世紀現代主義
風格的吧台。

站前第一大廈

萬王之王

（キングオブキングス）

一掃戰後不振光景，搖身一變打造出前衛獨特的咖啡廳與洋酒空間。

大阪車站周邊腹地在太平洋戰爭期間遭受空襲，成為一片焦黑原野。戰爭結束之後，位於車站南邊的街道雖然一度成了黑市集散地，但經過大規模市區街道改造計畫之後，興建為大阪車站前第一大廈，一掃殘留在這片土地上的戰敗記憶與光景。

木作藏酒櫃。就連數字都設計得很有質感。

第一大廈的西半部落成開幕之際，結合咖啡與品酒的「魔面」（マヅラ）（店名）是1969年最早進駐的店面，而它的姊妹店「萬王之王」也在隔年進駐開業。起初「魔面」其實是座落在當時黑街擴大之後的大阪南站一角，當時算是相當時髦的「名曲喫茶魔面」。**（編註：以聆賞店內音樂為主的經營空間，客人禁止交談，像音樂廳一般嚴謹）**。

這般富有歷史故事的兩間店面，進駐在嶄新的第一大廈，也是象徵著地下街先驅的店鋪。因為那一年正巧為大阪萬國博覽會開辦年，以「宇宙」為風格主題的商家店鋪，如雨後春筍般湧現。從天花板、牆面、燈光照明、座椅、桌子或吧台等等，眼前所見全是另類設計。

大阪市的「活生生的博物館」周遭林立著像是「堂島SAMBOA」（堂島サンボア）（P.48）與「利奇酒吧」（リーチバー）（P.52）這類充滿未來感風格的店鋪，全出自年輕一代的建築師。

其中萬王之王主打喫茶與品酒，更以「Saloon」一詞自稱。因為店內設計充滿中世紀現代主義風格，因此以彩繪玻璃牆區隔內外。另外由於酒吧設計為吧台座位及個人包廂，因此可以從包廂內飽覽店內最具魅力的70年代設計風格。

靠近地下街通道的牆面是彩繪玻璃設計。店內吧台座位是欣賞整個設計風格的絕佳視角。

店家資訊

萬王之王

是大阪最早引進Old Parr（蘇格蘭威士忌），並於店內供應推廣的店家。木作藏酒櫃是店內不能錯過的最大賣點。店內消費單杯200圓（含小點心）、Old Parr單杯500圓。

大阪市北區梅田1-3-1　大阪站前第一大廈B1
06-6345-3100
12：00～23：00　週日、國定假日公休

美食街區與
美味的老店

2

在地美食街——大阪・北新地

從我開始以美食為主軸，一路編輯一路寫作出書至今，差不多有30年之久；其中長達25年的時間都在堂島與中之島一帶。現在的辦公室則是位在堂島2丁目，過了四橋筋馬上就到了北新地，因此北新地就成了日常生活最熟悉的地方。

北新地如同夜市，這裡的店家多到數不完，九成以上的店鋪上至高級俱樂部，下至庶民美食；其他則是藥妝店、食材販賣店、花店以及便利商店等等。

每天晚上都去北新地報到的人可不少。認識我的人都知道，我幾乎每天都到北新地吃烏龍麵或蕎麥麵配啤酒，直到深夜再慢慢走去小酒館吃宵夜，最後搭計程車回到位於西宮市的住家。

我的同事S先生通常只有休假時會去北新地，而我正好恰恰相反，只要有進公司就一定會去店家報到。稿子寫著寫著就中午了，也該是去吃午餐的時候了。這一帶的午餐選擇非常多。堂島地下街（ドーチカ），在單人涮涮鍋店「newKOBE」（P．27）的旁邊有「印第

安咖哩」（インデアンカレー），堂島AVANZA（アバンザ）的地下街也有「鶴之巢（鶴のす）」。

也因為《大阪每日新聞》就位在堂島ＡＶＡＮＺＡ這棟大廈裡，因此每天總會湧入許多用餐人潮。其實這一帶已經與２０００年那時候的樣貌完全不同了，雖然「鶴之巢」的店面也重新裝潢過了，但只要吃著盛裝在金屬餐盤上的蛋包飯，腦海就會浮現記憶中那些懷舊建築以及地下劇場的點滴。雖然這裡林立不少「俄羅斯料理」的餐館招牌，但通常都只賣俄羅斯炸餃子與羅宋湯，算是比較特殊的風味餐廳。

昨天我在阪急梅田站附近吃午餐。從阪急梅田地下街往南走約10分鐘，穿過站前第三大廈朝北新地方向，有間西式餐廳「山守屋」（Ｐ．40），我在那裡享用了美味的咖哩飯。

我長年以編寫庶民美食為主，雖然「這附近最好吃的大阪燒、烏龍麵、生魚片與各類西餐」的評比，早就集結成冊為《源自「美食餐廳」的大阪論》（暫譯，「うまいもん屋」からの大阪論）一書，但若從沒去過北區與南區咖哩專賣店的話，那麼還是想推薦山守屋以及位於南區東清水町「明治軒」的料理「咖哩的舌頭」。我個人是比較偏好西式咖哩。

離開山守屋之後回公司的路上，我會延著非棋盤式規劃的道路，以之字型路線慢慢散步回去。

邊看著堂島SAMBOA（Ｐ．48）開門營業，邊步行回去。只要稍微站在吧台前，就看得到平常靠立牆邊，營業時才放到吧台前的椅子；每每都可以看到店家在午餐時間過後，整理清掃環境的景象。這間店在創業歷史有80年之久的北新地，可說是首屈一指的酒吧；第三代店長鍵澤秀都先生總是固定在下午一點左右到店裡，親手把店面打理得乾乾淨淨。店長說：

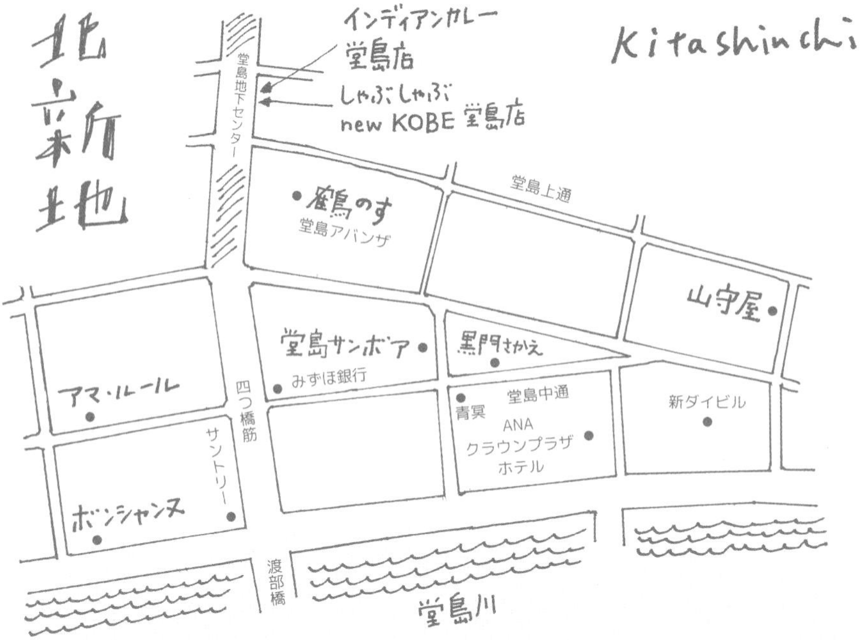

「其實酒吧的工作內容，有一半就是打掃作業」。

今天我決定吃「黑門榮」（黑門さかえ）（P．37）細烏龍麵的A定食。從公司出發的話，穿過堂島中通道，過四筋橋之後直直走；這個路口的紅綠燈足足有2分鐘之久，可以慢慢走。

我從來沒有過「吃什麼都好」的念頭，步出公司之後便會開始思考要吃哪間，往往黑門榮的店門就這麼開了；然後常常也是忘了中午已經去過，晚上又跑去小酌，常常出現一天光顧兩次的狀況。店裡每道都很好吃，烏龍麵就不用多說了：滾煮90秒的細烏龍麵條，湯汁則是以鯖魚、鹿肉及沙丁魚等多種頂極食材，削成薄片熬煮濾出的精華，是嚐一口就知道的夢幻美味。

因為是早已吃慣的烏龍麵湯頭，如果哪天突然覺得味道好像有點不一樣，我想那應該是自己身體狀況不佳所致，也算是長久吃下來學到的經驗吧。

大多數的人應該就跟我一樣，午餐只是生活中的例行公事；對於總是東走西走去找午餐吃的人而言，北新地或許是很適合的一條美食街。

眼前是涮涮鍋的肉片，還有店裡的客製化醬料。

堂島地下中心

newKOBE 堂島店

—大阪的美味速食。

涮涮鍋到底是起源於大阪北新地的「末弘」，又或是京都祇園的「十二段家」，各種主張眾說紛紜，但今天要談的跟這個無關。無論如何，大阪人的DNA已被深深植入「美味食物」。

在大阪人心中，大啖肉食跟品嚐美食是畫上等號的。所以若吃涮涮鍋時以筷子夾肉，放入鍋中涮個數秒，再沾芝麻

非常推薦肉片沾芝麻醬、烏龍麵搭配酸橙醬的吃法，超級滿足。

醬或是酸橙醬，這種吃法比起燒肉、壽喜燒與牛排，算是速度最快的料理。因此，餐桌上每個人都卯起來吃肉，如同蝗蟲過境般轉眼間一掃而空。

對大阪人來說，絕對都有邊望著荷包盤算，邊追加兩人份肉片的經驗吧。這樣慌慌張張的搶食方式及用餐速度實在不太好，為了解決這樣的窘境，就出現了一人一鍋的涮涮鍋。

入座時，銅鍋中已倒入尚未沸騰的高湯，店員也設定好開關了。我點了「Mix M，芝麻醬與酸橙醬」，放在店裡正中央的削肉機將肉品一一削成片。我內心正欣喜著：「哇，肉片量挺多的耶！」白飯與醬汁便已經送上，可以準備開始享用。

第二代的老闆兼店長是川村英樹先生，雖然是涮涮鍋專門店，但並不受限於慢食文化，反而打著「2分鐘內完成點餐到上餐」的口號，轉型成另類的速食經營模式，真的只能說太厲害了！

店裡每到午餐時段就會坐滿沒耐性的匆忙客人（就像我也一樣）。坐定之後一邊胡亂地用蔥、醬油或辣油調出專屬沾醬，一邊先將較硬的食材像是白蘿蔔或南瓜等通通丟下鍋，大約10秒過後就夾起肉片往鍋中涮著吃了。吃了2、3片肉之後，飯也扒得差不多，一開始丟下鍋的蔬菜也剛好軟透了。這並不是什麼深思熟慮的做法，只是反映大阪人直接迅速的個性。話雖如此，但若能在下班後的晚上一邊小酌一邊吃著涮涮鍋，真的是人生一大享受。

這間店位於每日大阪會館南館（現今為Hotel Elsereine Osaka），是「餐館天馬」（グリルペガサス）旗下創立的老店，與「印第安咖哩」並列為堂島地下街始祖老店（創立於1966年，並於1983年重新翻修）。

位於堂島地下街的newKOBE。你會發現趕時間的人都坐在入口一進去的位置。

店家資訊

newKOBE堂島店

午餐可選擇S、M、L三種分量，是很令人開心的服務。S的分量為100g豬肉，820圓；另外還有920圓的綜合或950圓的牛肉可選擇。晚餐時段的肉則是秤重計價，200g的豬肉大約是1450圓，綜合是1880圓，牛肉則是2310圓（以上是含稅價）；每份餐點皆附野菜烏龍麵與白飯。

- 大阪市北區曾根崎新地1　堂島地下中心4號
- 06-6344-7680
- 11：00～21：30（最後點餐）
週六～20：00（最後點餐）
週日、國定假日公休

佃義數先生與祐子小姐夫妻。這張是早上開始販售生菜沙拉（定價120圓）的尖峰時期前的照片。由於這邊位在地下街，所以也有不少捨不得離開古河大阪大樓的住戶。有許多產品價格和拍攝當時不同，請多留意（譯註：此大樓曾於2008年翻新過）。

堂島濱

Bonne Chance

（ボンシャンヌ）

——商辦區的老味道烘焙坊。

這間烘焙坊就在我公司古河大阪大廈的地下樓層，每款麵包都很好吃，所以我平均每兩天就會去光顧一次。

雖然無法一一細數，但店裡每款麵包我應該幾乎都吃過了。他們店內的咖哩麵包種類不少，我總是看當天心情決

定吃哪種口味，有標準辣度、大辣口味，也有黑咖哩牛筋口味。店裡也有像咖啡廳一樣可以內用的吧台座位區。

昨天中午，在店外排隊的OL隊伍把門口擠得好像店裡有什麼不可告人的秘密似的，大家都等著搶購剛出爐的鮮蝦美乃滋麵包（160圓，含稅）與培根蛋包麵包（180圓，含稅）當午餐。三明治系列也一樣美味好吃。用烤得恰到好處的吐司夾著炸豬排的三明治，也是賣得嚇嚇叫；也可以買水果三明治帶回公司，冷藏過後當點心，別有一番滋味。

我們公司的老闆因為特別喜歡竹輪麵包，每每加班時都會趁著烘焙坊打烊之前，採買最後一波，或是到北新地・堂島濱（中央街道）的細麵烏龍「黑門榮」。若碰巧遇到認識的人，就會提到這間以前位於新朝日大廈的「BonneChance」烘焙坊。是間存在於中之島、堂島、北新地三處交界的人氣烘焙坊。

無論是這間店或店裡賣的麵包，都無疑是地下街裡的經典。午餐能夠吃著豬排、炸雞肉或是炸魚排三明治，再搭配一杯熱咖啡；又或是傍晚肚子餓了，可以來份咖哩麵包喝杯可樂，簡直絕配。

這是間座落在擁有滿滿昭和氣息的地下商店街，充滿昭和味的烘焙坊，歷經了50個年頭仍屹立不搖。而現在，老客人一樣總坐在吧台座位喝著溫暖的熱咖啡，這個空間彷彿是他們停下腳步稍做歇息的幸福角落。

不論新舊產品都必點，有加入信州中野產鴻喜菇的培根歐姆蛋麵包（內側）和蛋黃醬大蝦麵包。咖啡（200圓）也很好喝哦。

店家資訊

BonneChance

佃氏夫婦一手打造的烘焙坊，店址在歷經了朝日大廈及AQUA堂島兩處之後，才進到古河大阪大廈，轉眼已經12年了。約莫6坪大的店面最深處有一座烤箱，每天一早及中午前都會提供熱呼呼的現烤麵包。

- 大阪市北區堂島2-1-9　古河大阪大廈西館B1
- 06-6341-6076
- 8：00-18：00　週六、週日與國定假日休

堂島

AMA・LUR

（アマ・ルール）

「無雷美食特區」裡

最獨一無二的巴斯克料理

2400圓的「蛤蜊與生火腿燉飯」（上圖），和分量這麼多的「愛農天然炭烤豬肉」（下圖）只要3000圓。

從中島往北走，穿過堂島川之後，便是堂島。

雖然「堂島」讓人直覺地聯想到「北新地」，但其實以前「堂島」的範圍可是越過了四筋橋，甚至再往西一點，直到電通關西本社、高層大廈等矗立的NTT電視主題園區一帶。堂島附近當然也有美食街，雖然沒有北新地來得熱鬧，但大廈一樓餐廳林立，儼然就是一整塊美食特區。

原本北新地的餐廳類型就包羅萬象，從日式、中式和西式都有。而不論是中華料理名店「青冥」，還是人氣烏龍麵店「黑門榮」，都是屬於晚餐時段比較熱鬧的餐廳，午餐時段比較像是加減開門營業。雖然北新地開了很多牛排店，但是中午時刻端到眼前的那盤熱騰騰漢堡排餐，竟然不是放在熱到冒煙的鐵板上！這可是北新地的style。因此帶其他地區的人來用餐，總是能聽到每個人嘴裡發出「咦?!」的驚呼聲。而我自己是只會去「午餐口袋名單」用餐而已，就算有許多非常知名的高級餐廳，我也都只光顧那固定幾間。

而這間巴斯克料理餐廳AMA・LUR當然也是人氣名店，只是北新地沒有分店。由於這間店有「平日限定商業午餐」，因此我每週都會來用餐一次。

AMA・LUR的老闆與位在淀屋橋往北相隔約六家店的另

香腸大蒜清湯、醃漬沙丁魚排和碳烤洋蔥醍魚風味冷盤。每道皆千圓有找，多人用餐就可以多點幾道分著吃。

AMA・LUR旁也有許多不錯的餐廳，但是附近的上班族只要帶朋友到這一帶用餐，通常都還是會介紹到AMA・LUR用餐。

一間西班牙餐廳「El Poniente」（イル・ポニエンテ）一樣，都是小西由企夫。以前，位於舊DAIBIRU（ダイビル）本館的「El Poniente・Cabo」（イルポニエンテ・カボ）和我的辦公室在同一樓層，幾乎每個禮拜都去報到，但不一定是午餐或晚餐。

El Poniente的料理可說是相當道地，其中以巴斯克料理為主打的「AMA・LUR」更是大放異彩，經營得有聲有色。不論是點香腸大蒜清湯或是一般濃湯，午餐時段絕對先從湯品開始上餐，這就是AMA・LUR的特色之一。

鮮少人知的巴斯克料理源於西班牙的巴斯克州，但血腸的美味卻是深深地紀錄在舌尖上了。

店家資訊

AMA・LUR

午餐大多約1000圓，基本上每週都會更換湯品與主餐。套餐均附麵包，飲料可選咖啡或紅茶。2017年4月則是創店5週年。

大阪市北區堂島2-1-16　藤田東洋紡大樓1F
☎ 06-6451-8383
11：30～14：00，17：30～22：00　週日公休

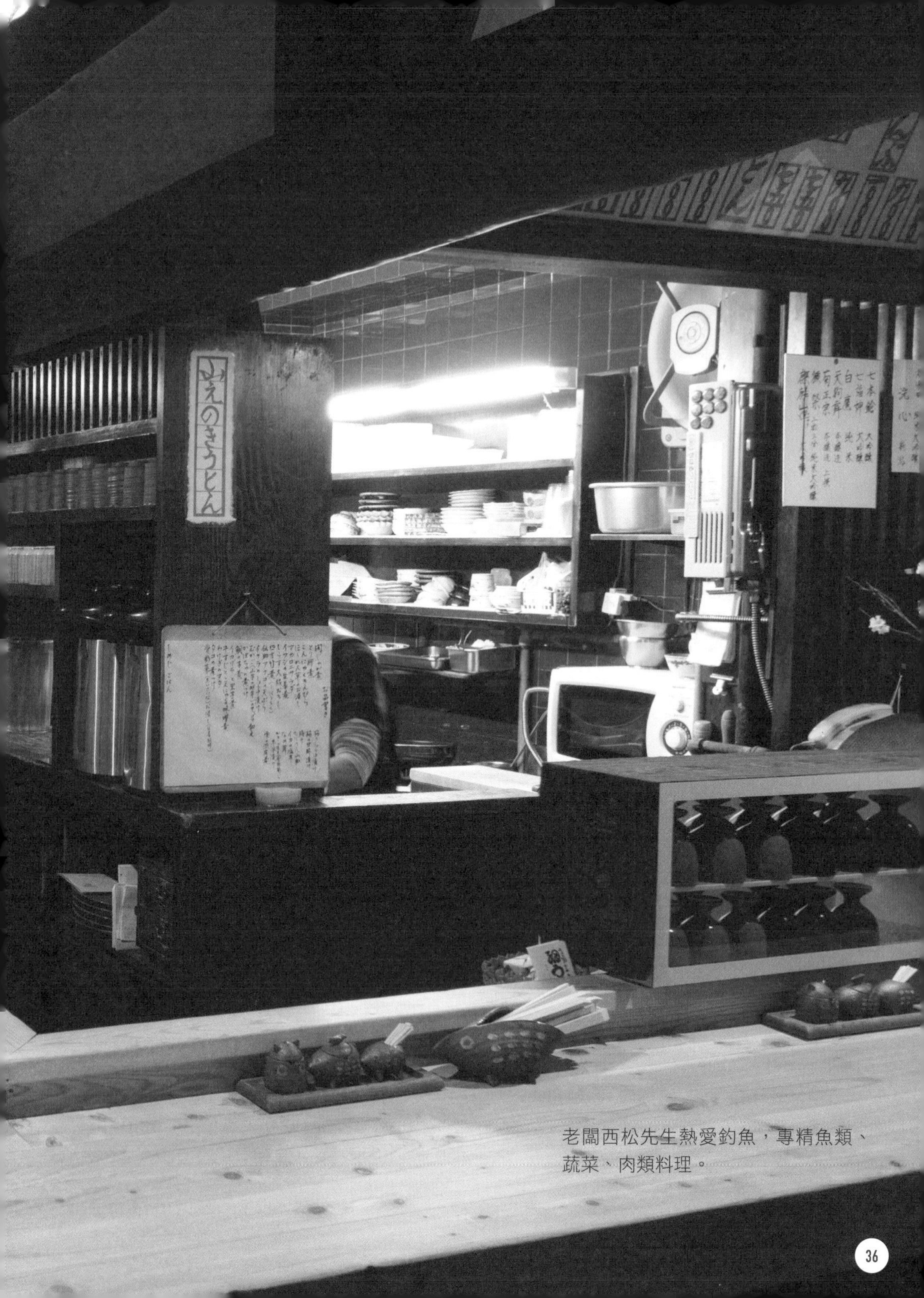

老闆西松先生熱愛釣魚，專精魚類、
蔬菜、肉類料理。

北新地

黑門榮

(黑門さかえ)

北新地最著名的烏龍麵店。

料理行家在昭和30年（1955年）時，通通聚集於黑門市場一帶，經營天婦羅與烏龍麵店，黑門市場也才開始延長營業時段，從白天直到晚上。不論是生魚片店家、燒烤店或是烏龍麵店，無一不是向黑門市場採買食材，當時這創舉造就了不少話題。

非吃不可的「切絲豆皮烏龍麵」（刻みうどん），一碗800圓。

利用數種魚乾片，慢火熬出金黃透明的高湯。

而黑門榮則是與傳說中的「榮壽司」並駕齊驅。在那個公務員月薪為一萬圓的時代，一尾要價600圓的龍蝦天婦羅，一天竟然可以賣出200份！當時的常客除了藝人，更常常出現政府官員。第一代經營時曾有非常誇張的故事，說有高官就這麼隨身帶著一公升瓶裝的店內特製高湯跟烏龍麵，搭上深夜班機直接飛往銀座。現在位於北新

季節小菜與炊飯（大約500圓左右）。

地的店面，也是到了昭和50年（1975年）因應當地客人期望才設立。

黑門榮的烏龍麵是市場常見的偏細麵條，用滾水燙煮90秒。在碗裡加入特製高湯再搭配烏龍麵條，入口瞬間能夠徹底感受到湯頭的濃郁風味。經過我的一番研究之後，發現店裡的高湯是用鰹魚片、鯖魚片及沙丁魚慢慢熬煮而成。

大清早會看到身穿和服的老闆娘，吃著早餐準備工作的身影；晚間則是看見紛紛來到北新地，打算放鬆小酌的酒客。往來北新地的這些常客通常是喝酒配天婦羅，最後再吃一碗烏龍麵，為夜晚劃下完美句點。

在吧台溫柔細心服務客人的上村照美小姐。

店家資訊

黑門榮

在黑門一帶首屈一指，以使用季節蔬果入菜而出名，特別是對於松茸、舞茸等料理最為拿手。雖然吧台座位只有區區13席，卻是間不論在空間、器皿甚至於隨餐送上的熱茶，都相當講究的烏龍麵店。

大阪市北區堂島1-4-8　廣大樓1F

06-6344-0029

11：30～14：00，18：00～23：30

週六、週日與國定假日休

北新地

山守屋

北新地的極致「普通套餐」。

北新地堂島一丁目、御堂筋一帶，白天是大企業家或廣告代理公司等等，有頭有臉的生意人出沒之處；但到了傍晚就慢慢轉變身份，開始出現調酒師、酒吧、Lounge Bar或是男服務生，在那之後又漸漸有了媽媽桑與女服務生的出現。這裡的客層到了週六也會出現變化，有從老松町來的律師，會越過御堂筋而來。非週末假日的尖峰時期，大多都是剛畢業的學生、OL或是上了年紀的客人。

正因如此，北新地的餐廳大多是就算一個人也能吃得輕鬆自在的氛圍；可以一個人坐在角落，安靜地看著報紙用餐。

山守屋也是間歷史悠久的老店，從昭和8年（1933年）開業至今，那時在餐廳裡吃可樂餅，還是件很時髦的事呢！昭和20年（1945年）戰後的11月便遷至現址。但是北新地當年遭到大火肆虐，其中也包含了山守屋，隨後於昭和36年（1961年）重新改裝，在店內加設了吧台座位區。山守屋這一路走來，就好像是北新地的一部近代史。

現在這棟大樓則是昭和60年（1985年）改建的，以層層堆疊的薄木板打造一樓店面，店裡每個角落都是非常輕快帶點跳躍感的線條設計，就好比年輪蛋糕的斷面一樣。這般可愛的裝潢在北新地可是大受好評。在歷經了時代的變遷之後，像山守屋這樣的「昭和風西式餐廳」便成了獨特魅力。

該是介紹餐點的時候了。山守屋的人氣餐點「漢堡排」，是用牛絞肉加入特製調味料攪拌，使味道融入肉的油脂中，再以煎烤讓流出的肉汁滲進肉排中的空隙，入口時更能感受到濃郁香氣。店裡的另一道炸豬排料理，也是吃過就知道厲害的料理；炸豬排的品質跟專賣店不相上下，製程相當耗時費工，更添加了特殊醬汁與辣椒提味。

其實北新地一帶以及類似區域，也有很多很經典的西式餐廳，供應具有一定品質的餐點。

豬排咖哩1200圓、咖哩飯600圓，若加炸豬排則是750圓。超級好吃！

第二代老闆豐田良三先生與工作人員合照，制服非常吸睛呢。

店家資訊

山守屋

店內的單點料理漢堡排、炸肉排各650圓，炸牛肉排1600圓，以上單點料理加點白飯只須150圓。附有漢堡排、炸蝦、湯品、白飯的套餐也只要1500圓（以上含稅）。

大阪市北區堂島1-2-32

06-6341-2446

週一至週五，11：00～14：00
週六，16：40～20：00
週日、國定假日休

「HERMITAGE」這單字字尾的4個字母，正是取自於老闆田外（TAGE）的姓氏念音。

北新地

隱士盧（エルミタージュ）

―受到頂尖調酒師好評的水果調酒。

身為店裡調酒師的田外博一先生，一個人在店裡穿梭著；這是一間只有一排吧台區且座位不到10個的迷你小酒吧。隱士盧開業於1998年，因為我很喜歡喝雞尾酒，除了很常光顧之外，店裡調的水果雞尾酒也是每來必點。

田外先生很早就獨自創業，也是日本調酒師協會雞

左圖／有著秋天味道的柿子雞尾酒。右圖／一樣是雞尾酒，以卡巴杜斯蘋果酒為基底的傑克玫瑰，口感清爽帶點酸甜滋味。兩款皆為1300圓。

尾酒調酒大賞的常勝軍，他在「水果雞尾酒」項目中更是備受矚目，因此在大阪也掀起一陣不小的水果雞尾酒旋風。引起這陣旋風的中心人物——田外先生，以高超技巧調出的雞尾酒至今仍廣受歡迎。

田外先生拿手的其中一款調酒「水果馬丁尼」，用的是未成熟的生澀水果；由於基底是琴酒，因而被歸類為「馬丁尼」。此款馬丁尼雖然可依季節變換選用草莓或是金桔，和原本帶有苦味的馬丁尼又有了微妙差異，像是帶有水果香氣的酸甜味等等，但是因為尚未成熟的果實口感相當清爽，更能將琴酒的特性發揮得淋漓盡致。

此外，這些雞尾酒的口感好比加入了些許酒精的高級果汁，帶點濃稠的口感很像是法國料理常用的醬料，田外先生可說是充分發揮了每種材料的特性。

看著黑板上水果雞尾酒清單，想像不同食材在口中呈現的滋味，讓人很想逐一點完清單上的每一杯特調。這天，點了「柿」來品嚐，充滿和風的雞尾酒風味也相當不錯。雖然是用成熟的柿子做基底，但因為這天柿子的口感稍微硬了些，於是先將它丟進食物調理機調整口感；酒的基底選用卡巴杜斯蘋果酒，再加上較烈的利口酒，整體口感中能嚐到淡淡的檸檬香與甜甜的糖漿滋味。

看著調酒師將調好的柿子酒，倒進冰鎮過的玻璃杯，瞧下一口忍不住分泌的唾液，但調酒還沒有完成；還要再加上一點通寧水（Tonic Water）及一小片柿子裝飾在杯緣就完成了。有著秋天味道的柿子雞尾酒，貨真價實的柿子風味。

此外，也有很多客人直接跟田外先生說出心目中想喝的酒款味道，他也都能調出來！僅管如此，一個人張羅全店大小事務的田外先生，可是位完美主義者，就算再怎麼忙也會將店內的事情處理完畢。

隱士盧可以當成行程中的第一間店，或是用完餐後去的店。你可以直接跟田外先生說是吃過了才來，或同時跟他說方才是吃了什麼料理；或者先討論再決定要喝哪款酒。

很值得為了喝上一杯隱士盧提供的頂極水果雞尾酒，而特地跑一趟北新地。

通過這條靜靜存在的連通道，可以從新地本通穿過堂島上通抵達。

把本日供應的水果雞尾酒列在黑板上，其中也有南瓜口味。

店家資訊

隱士盧

是間相當有氛圍的小酒吧。北新地這一帶的客人通常都比較早就過來喝酒了，因此可以提早來哦。

大阪市北區曾根崎新地1-1-40
JIRO大樓1F

06-4797-0636

19：00～03：00　週日公休

北新地

Bar Hardi

（バー・アルディ）

風格獨到的調酒品味，閃閃耀眼的酒保禮服。

無論是店內的玻璃酒杯或是Logo，都相當經典且具韻味。

池田育成先生的店「Bar Hardi」，入口位在北新地靠近國道2號線旁邊。由於店面實際位置在大樓6樓，因此可以一覽國道上來來往往的車流駛過大阪車站的景象。

雖然Bar Hardi於2009年才營業，但池田先生這幾年間活躍在國內外各大雞尾酒活動。池田先生的經典雞尾酒是屬於入口後感受較為強烈的酒款，正因此如，就算僅是一杯最單純的琴湯尼（1000圓），也能夠充分感受到低調的奢華感。

池田先生最推薦的酒款為以下兩種：使用Four Roses・Black 4玫瑰波本威士忌的調酒和使用了Jim Beam Rye調製的酒款。前者讓人宛如

池田先生調酒的過程與每一個動作，讓人像是欣賞藝術般賞心悅目。

左邊是使用了Jim Beam Rye調製的酒款，右邊則是以Four Roses・Black 4玫瑰波本威士忌的調酒。這兩款曼哈頓威士忌口味雖截然不同，但卻時常被拿來比較。兩款皆為1000圓。

置身曼哈頓，期待著紐約太陽西沉後，漸漸浮現的星空；後者香氣濃郁、口感清爽、餘韻醇厚的豐富層次，是它的獨特魅力。

以上兩款酒雖然都是在苦艾酒裡加入些許Cinzano（酒名）的標準做法調製，但卻用了兩種酒漬櫻桃。池田先生說「一種是用糖漿熬煮的櫻桃，較甜的口味讓人有種孩子般的錯覺；另一種則是成熟大人口味，用櫻桃利口酒漬成」。

池田先生對於冰塊也有獨特的見解與做法，這番堅持也展現在調製曼哈頓上。使用的冰塊分別有用於冰鎮攪拌杯的、冷卻酒精用的以及冰杯用的，而調酒師的工作就是如何善加運用這些冰塊了。

Bar Hardi不僅是調酒令人驚豔，就連調酒師穿的酒保禮服也美得與眾不同，再加上酒吧裡的熱食口味也相當不賴，因此是非常受到常客歡迎的小酒吧。

左圖是白州酒樽的擺設裝飾。右圖則是酒吧的正職員工桑原聖先生，與工讀生吉田劍先生。店裡從啤酒到甜甜的雞尾酒都是招牌，推薦都可以品嚐看看。

人氣必點法式鹹派（800圓含服務費）。每週都會使用當季時蔬，這天是油菜花和仙人掌果實。

店家資訊

Bar Hardi

店裡的工作人員都很年輕，客層年齡最低有到20多歲的，也有外國客人；無論男女老少都在店裡開心地用餐，非常熱鬧。同時可以感受到富麗堂皇的奢華感，也可以客製化想要的調酒。

大阪市北區曾根崎新地1-10-22　三谷PLAZA 6F

06-6343-2100

18：00～3：00（每週六與國定假日～0：00）

週日公休

無法被複製的酒吧 1

北新地

堂島SAMBOA

（堂島サンボア）

閃耀著內斂光芒，彷彿存在於靜止時光中的酒吧。

一如往常般在吧台邊就定位後，最先映入眼前的，是店內新製成的杯墊。用著與Logo相同的黃色，印著「100th Anniv. Renewed in 2018」。再一年便開業百年了，創始那年是1918年，大正7年，NHK晨間劇場《阿政與愛莉》曾於這裡取景；日本國產威士忌之父竹鶴孝政先生，也在這一年隻身前往蘇格蘭留學。

用被誤植的店名走了一世紀之久

岡西繁一氏開立的「SAMBOA」，位在神戶主要街道花街的入口處。那時候廢藩置縣，因為初代兵庫縣令之故，伊藤博文居住的一帶大多為已開發的港口街道，由於鈴木商店的銷售額占了當時日本GNP的一成以上，這些威士忌全是進口舶來品。

谷崎潤一郎先生也是常客之一，就是他建議將「岡西MILKHALL」（岡西ミル

クホール）的店名，換為葡萄牙文「ZAMBOA」，而一開始看板上的Z還寫反變成S。

大正14年（1925年），是岡西氏活躍於大阪．北濱的時代。當時因為大阪被稱為「大大阪」且凌駕於東京，於是大阪所有主要交易場所都位於北濱。這時的北濱是名符其實大阪的中心區域。

「堂島SAMBOA」第一代老闆鍵澤正男先生誕生於明治44年（1911年），在岡西氏於北濱開立SAMBOA的那年，他才15歲。然而正男先生在日本第一個高爾夫練習場「鳴尾高球俱樂部」，與英國人或是上流階級的調酒師學習並磨練技巧，後來便在岡西的店裡工作。隨後於昭和

堂島SAMBOA入選大阪市「活生生的博物館」的50名名單之內。

9年（1934年）自立門戶開了「中島SAMBOA」，那年他23歲。在昭和11年時，因為阪急電車收購土地之故，因此將店面遷至堂島，更名「堂島SAMBOA」，這正是「堂島SAMBOA」的由來。

「美味」就從踏進店裡那一刻開始

這間酒吧打自開業起就採立呑式經營，正男先生以獨到的品味風格，打造出店裡的高度文藝氣息。雖然現在的店面是戰後昭和22年重新開幕的，但昭和30年（1955年）時翻整裝修，傳承當初開業時的建築風格。

堂島SAMBOA第三代老闆是鍵澤正男先生的孫子秀都先生。這間在大阪無人不知的老店，竟然就這麼巧地距離我以前公司步行3分鐘便可抵達。

這裡的啤酒不論是瓶裝麒麟（600圓）或是角瓶（800圓）都相當順口好喝。每次去到店裡點了第一杯，入口之後一定會忍不住說出：「啊～好喝！」而且可不是只有我這麼想喔。

酒吧大門的黃銅製門把，這麼多年來被摸得金亮金亮的。在推開厚重大門、踏進店內空間的那一瞬間，往往會讓人發出驚訝讚嘆的聲音。吧台的扶手處及腳踏空間，兩道閃耀著沉穩內斂光芒的黃銅吧台，我想再也沒有比其更加耀眼的酒吧了。

酒客手撐著吧台，一腳跨踏在吧台底部，輕鬆愜意地喝著酒。以這樣的站姿喝酒，彷佛每杯酒都格外美味。

真正有工夫的店就像施了魔法般，讓人覺得什麼都特別美味。這大概是源自歷史的推演與時間的韻味，但並非每件歷經年代的事物都稱得上美，還是得藉由經驗的淬鍊才能綻放光芒。

店家資訊

堂島SAMBOA

店內受到內行酒客喜愛的是Highball，以角瓶的Double（60cc）搭配氣泡水（190cc）調製而成。不加冰塊，不攪拌，再搭配一片檸檬。

- 大阪市北區堂島1-5-40
- 06-6341-5368
- 週一至週五，17：00～23：30

週六，16：00～22：00

週日、國定假日公休

無法被複製的酒吧 2

中之島

利奇酒吧（リーチバー）

以「空間」呈現民藝運動。

（編註：柳宗悅於20世紀初推行，意在培育對生活用品之美的感知；民藝，即民眾的工藝。柳宗悅亦為民藝運動之父）。

回過神後，才發現我已身在麗嘉皇家酒店的「利奇酒吧」，並仔細欣賞民俗作品許久。這裡並非只是單純地「裝飾」或「陳列」美術品，而是「精心設計後的擺放」；之所以會呈現如此融洽的環境，無非是希望和眾多酒店都有的

lounge bar有所區別。

我大約20年前第一次進行雜誌採訪工作時，就發現這裡並不是單純商業性質的酒吧，而是早已超越單純的華麗內裝，以英國風和日本風融合的藝術酒吧。

我從20幾歲時就常常來這家酒吧，有時是和酒友坐在吧台，有時也因為地點很近，所以會和公司編輯一起坐在餐桌席討論工作。吧台席後方陳列垂釣的啤酒杯，以及藤蔓交織的牆面前擺放的陶製食器，本身並不是藝術品，卻會讓人不經意地注意到其存在，感覺好像發現什麼寶藏一般。

依照哲學家柳宗悅的說法：「完整陳述民眾日用品擁有的美感和價值，便是民藝運動的開端」、「民俗藝品即是無名工人的作品，並非是美術作家的作品」。於是，我就完全沉浸在利奇酒吧美好的民俗藝品建構當中。

就算不瞭解作者生平或是作品來由，也是可以接觸民俗藝品的哦。

這間利奇酒吧創立於昭和40年（1965年）。當時酒店老闆山本為三郎和利奇說：「雖然不能幫你建造紀念碑，但我會為你特製一個空間，你要不要試著設計看看」。利奇之後也在書信上寫道：「我曾經設計一處空間。」利奇不僅僅是融入民俗藝品，同時也為了不讓人覺得缺少什麼東西，所以桌椅擺設都經過巧思設計，最終呈現了名為利奇的空間。

民藝運動和東洋／西洋的融合

利奇在1940年出版的《陶匠之書》（暫譯，A Potter's Book）也這樣寫著：「需時時刻刻謹記，辨別實用和美感是很隨興的。實際上也是有實用但不美麗的陶器，或是美麗但不實用的陶器。但如果十分極端是不正常的」。另外也多次拜訪松江和出西（島根縣）、小鹿田（大分縣）等傳統陶藝之鄉，並和當地陶藝家一同創作。也履履再三向年輕的陶藝家請教中世紀英國泥釉陶的陶藝技術。

柳宗悅在《日本繪圖日記》（暫譯，日本絵日記）（講談社學術文庫）的第九章〈在九州小鹿田〉當中也如此記載：「我也更加瞭解自己再次來到東洋的真正動機，那就是找出默默無名的陶藝家，並且藉由和他們一同創作，學習我們自工業革命後失去的整體性和謙虛性」。

在利奇的作品當中，可以看出東西融合是利奇置身民藝運動的其中一個契機。各式利奇作品就這樣來自遙遠的民俗國度——英國，不停地注入日本。

店家資訊

利奇酒吧

即便身為酒店的一部分，卻和華麗、奢華、有名等等印象完全無關，是一間純樸穩重，十分罕見的酒吧。從上午開始營業，不管是何時或者和誰見面，此處都給人安穩感。威士忌（single）1200日圓。

大阪市北區中之島5-3-68　麗嘉皇家酒店1F

06-6441-0983

11：00～23：45（最後點餐）　全年無休

福島

菱東

即將邁入一個世紀的正統江戶燒烤。

鰻魚飯有松、竹、梅套餐可選，
多數人會選擇竹套餐。

長期經營一家店是件很辛苦也很不容易的事，除了可能會遇到戰爭、地震、火災等等災害，還會有政府或建商都更計畫的迫遷及炒地皮等等；即使擺脫了這些外在要素，繼任者能否好好的接續營業才是最重要的。以豆皮烏龍麵發跡的烏龍麵專賣店、自百年前開店以來，就不斷補充醬汁以維持古早好味道的鰻魚飯專賣店等等，這些都是專心致志努力過來的店家。但也有原本是可樂餅專賣店，戰後因多明格拉斯醬大受歡迎，而轉型以漢堡排及牛肉燴飯為主的西餐廳等等，隨著轉換業種型態而維持至今的餐廳。百年老店的知名料理正是具體呈現各自所走過的歷史。

「遲來客」才有的舒適

老店讓人感到最舒適的地方，在於總是可以看到那家店或是那條街的老顧客常駐在此，這是新店家沒有的氛圍。有時觀察隔壁桌的顧客，便可以判斷是不是這家店的老顧客，這時最好的做法就是仿效這位老顧客。那些一進到店裡就翻閱美食雜誌、查手機什麼的，都不是尋找美食該有的方式。

有些店家因為絡繹不絕的外國觀光客，以及依循星星數而來的美食人潮，有時必須半年前預約才能一親芳澤；但是老店的美味關鍵在於如同店家一部份的老客戶，他們融合在整間店的氛圍中，是如同空氣一般重要又自然的存在。

老店總是有許許多多的故事存在。即便已經光顧這家店20年以上、用餐超過一千次，仍有許多不明白的事物，這正是好的店家最大魅力所在。因為每次都有新發現的樂趣，所以會想多次重遊。

雖然可以理解根據星星數選擇店家而四處踩點的興奮感，但用這種方式拜訪老店根本是錯誤的。蒐集比較各種美食資訊，然後到那家店和大家點相同的東西，再來判斷這家店的好壞，不覺得很無聊嗎？

一家店的歷史正是由店家和顧客累積而來。現任老闆會承接過往歷史，作為店的一部分；同時和前代或前前代老闆相處過的客人才是最瞭解現場的人。

這份累積至今的歷史關係，可以說是老店的「商譽」或「招牌」，而招牌一定要貨真價實才行。承接老店招牌的現任當家當然瞭解，如果無法持續重現既深遠且已不復存的過去以及實物，將會傷及自家

連同茶壺一起送來的熱茶。還有為了方便取蓋，會稍稍將蓋子錯開的鰻魚肝湯，好想大快朵頤一番。

招牌。生意一旦滑落，則勢必關門大吉。

老店的老闆之所以大多都很和氣，是因為他們本能地知道哪些人是不懂裝懂的美食家。

不論新舊名店，對於自身料理有自信的廚師，最討厭的就是明明不懂美食，卻硬要裝懂的客人。由此可知這些廚師是多麼在乎自家招牌勝於商業活動。

鰻魚刀「江戶裂」。為了能順利切開魚背而不會卡在骨頭中間，前端呈現三角形。

北區少見的長屋格局

位於大阪福島的鰻魚飯老店菱東，創業於大正10年（1921年）。如同門簾和招牌上寫著「東京流」，蒲燒鰻採用的是開背蒸煮的江戶燒烤方式。第三代的東條恭三先生雖然繼承這家店，但就連刀具都用和京都、大阪的鰻魚刀形狀完全不同的「江戶裂」。**（編註：因為地域不同，鰻魚切刀也有不同的種類，通常可以分為關東地區的「江戶裂」，以及關西地區的「大阪裂」和「京裂」）。**

第一代老闆曾在戰前大阪最大紅燈區的新町「菱富」研修過。菱富是大阪最古老的鰻魚飯專賣店，但卻使用江戶燒烤方式，這在美食之都大阪並不是一件簡單的事。這家店雖然是菱富的分店，但店名卻採用姓氏「東條」當中的

「東」，遂成了「菱東」。

這棟長屋建物將7間房間當中的2間做為店面，是明治42年（1909年）那場由天滿開始起火，並延燒到北新地、堂島、福島，最後造成全毀的北區大火（俗稱天滿大火）之後重建的；在太平洋戰爭空襲時也僥倖躲過戰火摧殘，是大阪北區一帶少見的舊式長屋。

店內有小小的段差，這在新的店家絕對感受不到，非常有鰻魚飯店家的風格。

不論是從擁有許多超高大樓的西梅田商業街過來，或是從福島站前的繁華街過來，都是稍稍有點距離，猶如遠離塵囂般的存在。

店家資訊

菱東

菜單是鰻魚飯盒（附鰻魚肝湯），並簡明易懂的分為梅（1／2條）2500圓、竹（3／4條）3500圓、松（1條）4500圓（每項都是含稅）。因為都是千元差價，所以常常在食量和預算之間猶豫不決。

大阪市福島區福島5-7-9

06-6451-5094

11：00～13：30（最後點餐）、17：00～20：00（最後點餐）週六只有半天

週日、國定假日與黃金週、盂蘭盆節、年末年初休息

福島

Michino Le Tourbillon

（ミチノ・ル・トゥールビヨン）

——減糖（醣）和美味的完美並存。

我有著愛吃串炸、豬排丼及泡麵的重口味體質，就連酒也是每天都要來一杯啤酒和日本酒；瓶身寫著「糖分0％」的發泡酒和碳酸酒看起來很難喝，所以我連瞧都不瞧一眼，若是標示自然酒（有機葡萄酒）的也完全沒興趣。

但是若從定期體檢報告審視自己的身體，不論是三酸甘油脂還是γ-GTP（可檢測肝臟疾病）都顯示「需接受治療」或是「需接受精密檢查」。雖然原本就是有小腹的代謝症候群體型，身體也是四處痠痛，再加上顳顎關節症候群及五十肩、以及脖子到背部肌肉總是很僵硬，但總覺得不會危及性命。只是最近從舊識那邊得知，已經有好幾個人罹患糖尿病及肝硬化，才知道糖的威力。

減糖和法式料理的可能性

聽聞廚師道野正很認真地在做「低糖（醣）飲食」，總覺得十分有趣，因為豐中的「Michino Le Tourbillon」15年來備受稱譽，他卻突然把店名跟內裝都換了，重新翻修之後以「LesArts Sante（健康藝術）」（レザール・サンテ）重新營業，但三年後又歇業了。餐廳以蔬菜為主、肉類及魚類為輔，完全和法式料理背

伊比利豬佐綠橄欖醬汁的肉類料理。

道而馳，如激進人士般過於異端導致經營失敗。

但是減糖並非以熱量做依據，而是不使用米及小麥、地瓜或紅蘿蔔等等根莖類；肉類、魚類蛋白質和脂肪則沒有限制。紅酒也可以喝。雖然無法想像沒有米飯及日本酒的日式料理，就像義式料理當中沒有義大利麵，只要能用麵包和甜點的小麥粉、砂糖做點什麼就好。

道野大廚向聞名全國的神戶麵包店「Ca Marche」（サ・マーシュ）主廚西川功晃請教，終於完成夢想中的大豆麵包。我也試著嚐了這個「低糖套餐」（8000圓，服務費稅金外加）。

符合邏輯且味道富含變化的套餐

首先從菜單開始：

- **開胃菜**

希臘風香菇鳳尾魚、亞洲黑熊肉醬、豌豆濃湯

- **前菜**

綠蘆筍、干貝、雞肉捲、松茸、黑芝麻風味山豬肉和鹽漬鮪魚、65度溫泉蛋佐酪梨塔塔醬

- **魚肉料理**

嫩煎花鱸排佐高野豆腐玉米粥、熱炒春筍油菜

- **肉類料理**

火烤伊比利豬佐綠橄欖醬汁

- **甜點**

森林檜木香杏仁豆腐奶酪

到前菜為止都是道野主廚

上圖／黑芝麻風味山豬肉和鹽漬鮪魚、65度溫泉蛋佐酪梨塔塔醬。下圖／嫩煎花鱸排佐高野豆腐玉米粥、熱炒春筍油菜。

常見的料理，只要避開根莖類等富含碳水化合物的食材，就萬事OK了。原來法式料理也能低糖和美味兼備。

搭配嫩煎花鱸排的竟然是「高野豆腐玉米粥」！原本該以玉米粉熬煮的玉米粥，用凍豆腐的原材料（凝固後即成為高野豆腐）來替換，竟也創造完全不同的美味，美味程度完全讓人感覺不到這是「低糖餐」。

而西川主廚傳授的大豆麵包，製作難度在於發酵溫度和時間長短；雖然失敗好多次，但總算是勉強完成，不論是口感或咬勁都和小麥麵包完全不同。

除了使用大豆粉外，也使用小麥蛋白（麩質來源，否則麵團無法有粘稠感）、膳食纖維、麥芽粉。因此可將麵包的糖分抑制至原先的13%左右。這個麵包取代了主流構想，本來讓人擔心味道可能靠不住，結果大豆麵包呈現了無可挑剔的好味道。

而夫人花了相當多精力及時間製作甜點的檜木香杏仁豆腐奶酪，更是無可言喻的美味。

因為選用源自天然食物的赤藻糖醇來代替砂糖，但是甜味劑會讓人類感受甜味的曲線急速下降，所以甜味在口中乍現便迅速消失；若是已經習慣砂糖甜味，更會察覺不到赤藻糖醇的甜。最後決定再加入檜木的香味來解決這個煩惱。具體來說是將刨絲刀刨下的檜木絲加入牛奶中熬煮，以增加淡淡清香。如此提升了「砂糖替代品」，真是富有巧思啊！

擇善固執的主廚

雖然這份菜單的主要客群大多是不想發胖、正在進行減糖的人，但也曾有罹患糖尿病和胰臟癌的美食家，及大阪大學醫學部的抗衰老專家學者來店內用餐，並獲得一致好評。

大阪腔常聽到的「老頑固」，正是形容道野主廚這樣的人。但當主廚說：「試試看我的料理，真的很健康的哦」！這一點卻是無庸置疑的。

順道一提，套餐當中的糖分約只有40至50公克，再接著向主廚詢問卡路里值時，主廚卻笑著回：「我怎麼會知道，自己去計算吧」。

過去「LesArts Sante」正火紅的時候，曾被「蔬菜管理師」一行人中的女性消費者說：「這是完美的蔬菜料理。」道野先生聽到後覺得「不能只是這樣」。

店家資訊

Michino Le Tourbillon

曾辭去豐中的「LesArts Sante」的工作，並搬來福島7年了。本季從野鳥鼬獾料理出發後，再次成為熱門話題。也讓各大版面充斥著「果然還是Michino最棒了」的評語。客層從愛看美食雜誌的消費者，逐漸轉變為作家及巷弄學者、古典文藝相關人士等等，越來越有這家店獨特的風格。中餐3200圓起、晚餐8000圓起，物美價廉。

大阪市福島區福島6-9-11　神林堂大樓1F
06-6451-6566
12：00～13：30（最後點餐）、18：00～21：00（最後點餐）
週一公休（遇國定假日則週二休）
※中餐的低糖套餐5500圓

美食街區與美味的老店 3

在「街頭」大快朵頤——為此而生的天滿老街和店家

由JR大阪站往外環狀線距離一站的位置即為天滿站。

於天滿站下車後，四處都能聽到火車「咻——轟隆轟隆」等令人懷念的啟動聲，這對我來說就是都市的聲音。雖然我幾乎沒有電車穿梭行走大阪的時代記憶，但我卻記得很清楚電車穿梭行走天六十字路口附近的景色和聲音。曾在天滿、鶴橋及西九條等等大阪環狀線下車的時候，都是最讓我回憶起曾接觸過大阪這座城市的事物。

在天滿站下車並走至天神橋筋商店街後，就會發現剛好已身處在日本最長商店街的正中間。服飾店、鞋店、陶瓷店、藥妝店、海帶專賣店、煙草專賣店……等等各類專賣店，以及烏龍麵店、食堂、咖啡廳等等餐飲店混雜的商店街。

明明只有短短一站，卻和有百貨公司進駐的站體大樓、繼GRAND FRONT OSAKA後成為大型客運樓的大阪車站完全不同，而是散發出原本的「大阪街道」氣息；這裡沒有人為商業性質，而是單純買賣的街道。但也不是以前商店街的「懷舊老街」氛圍，而是至今仍在穩定發展的氣息。

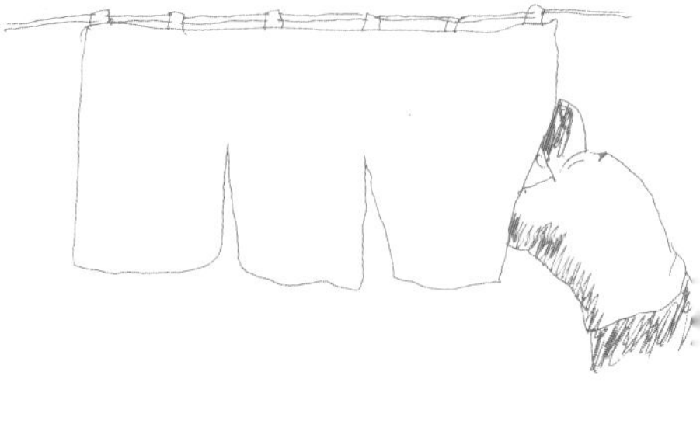

天満 Tenma

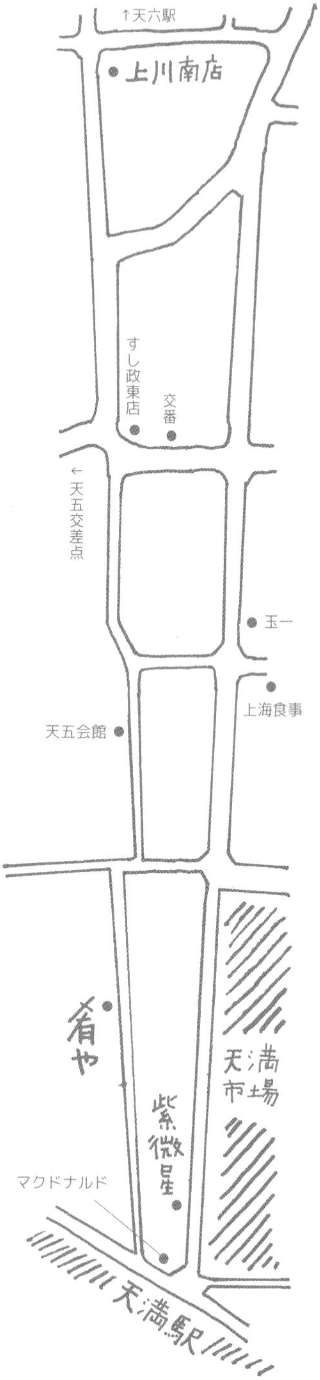

位於車站北面縱橫交錯的街道，包含整個天滿市場，有著無數的小型餐飲店，有如蜂窩和蠶棚般的密集存在；其中也有許多商店進行改裝，成為不論由何處進出皆方便的店面。所以不管是過路客、熟客還是當地客，或是像我一樣的外來客，街道都散發著人人可以平等飲食的自在氣息。

我第一次由餐飲專門學校的老師帶往立飲名店「肴屋」（肴や）（P.69），大約是在10年前。不知從什麼時候開始，已經變成每次到JR大阪站，就想要順路經過外環線一站去報到的居酒屋。

雖然招牌寫著居酒屋，明明是立飲，卻是心目中為了去「吃」的店。這間雖然下酒菜非常好吃，終究沒能收錄在餐廳分類當中。還在想說美食雜誌會怎麼寫它，就發現在M雜誌特集〈食在天滿〉如此介紹：「擁有英式酒吧、西班牙式小菜、正統居酒屋下酒菜，集三位為一體的異空間。」但雜誌也提到座位不太舒適，不過雜誌提到交通位置、店內氛圍時總是有點空洞，所以我也不想評論太多。

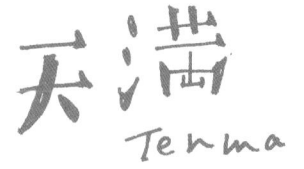

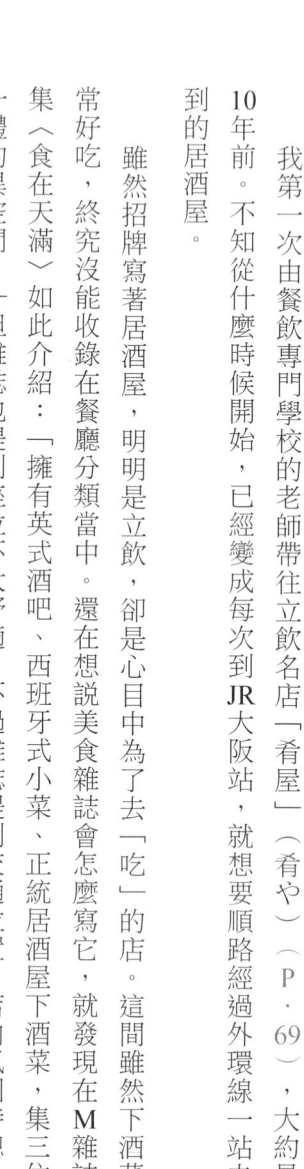

我總是一個人前往這家店，所以也逐漸記起路線；也一直記得被帶去的那天是傍晚過後，那是最佳的時間點。比起迅速喝完後就回家，我更喜歡迅速的吃飽後回家。烏龍麵店和拉麵店就是這一類店家，但那個感覺就像是在那一天的那個時段，還能吃到不同料理的珍貴店家。

讓我在肴屋及「今天到底應該去那家店吃呢？」之中猶豫不決的是「紫微星」（P．67）。肴屋和紫微星本來應該像中華料理般，適合4至5人一起前往用餐，大家圍坐把桌上餐盤換了又換，飽餐一頓後回家才對；但有時會無緣由地把皮蛋、清蒸雞或豬腳當做下酒菜並搭配啤酒。我居住的神戶也有許多招牌寫著「上海料理」的店家，紫微星和這些店完全不同（雖無可置疑是上海料理，但卻是「傳統和現代融合的中華料理」），是一家富含滿滿天滿味道的店家。

然後這家店也在10年前讓我嚐到了「天滿全新的中華料理」。包括肴屋在內，我體驗到前所未有的天滿街道氛圍，是全新型態的店家。至今我最喜歡的是距離車站只有數十秒鐘，一進店面後狹小吧台座位的絕妙感受，這家店的料理會加入稍多的鹽分，以及既美味又簡潔有力的調味料。

和這兩間從JR天滿站走路就馬上可以抵達的店相比，「上川南店」（P．73）位於走路有點距離的地方。對面是有著老舊磚瓦牆壁昭和式「川島婦產科」、並且掛著「湯豆腐．二合酒器」的招牌，需走上2樓的店家。這家店也是一間不在餐廳分類當中的餐飲店，視情形有時可以是割烹店（日本料理），有時是居酒屋，有時又是壽司店；3樓因為有日式房間，所以也可以宴請客人，是一間變化自如的店。

也就是說可以依照年紀、男女、甚至是消費者職業及職位不同而客製化的餐飲店，店內客層混雜著本地及外地人，但大多說著標準日文。大阪平民日常的「美食餐廳」，能夠招來客潮的韌性也在於此。

我是在2000年左右，由負責這個區域銷售的前輩帶領前往。我從不認為自己是這家店的熟客或常客，因為南區、北新地以及住家附近的神戶元町到三宮等地，才是我更熟悉的故鄉。

如果要去開發「吃吃喝喝的店」，一般會是跟著「前輩或附近的人」一同前往，這和那個人是不是美食家毫無關係。用這種想法來親近天滿的「美食餐廳」，才會有幾萬分之一的幸運在逛街時挑中好店。若為了前往美食餐廳而「搜尋」、「開發」新點的專業能力，那就只好歸類為一種很麻煩的角色，叫做美食家。

發現美味店家的運氣不是靠網路資訊就可以取得，還是實際走上街頭尋找吧！

天滿站北口

紫微星

現已成為「下車後即可品嚐」的中華料理名店。

JR天滿站一帶到天神橋筋6丁目附近，是現在廣為大阪人熟知的「美食街」。在那個入口距離天滿站只有數秒鐘的地方，有間讓人無法忽視的上海料理餐廳「紫微星」，

店面牆上的看板寫著「傳統和現代融合的中華料理」，整齊排列著料理照片和中文菜單名稱。沒有注音標示，只寫著料理名稱「南乳豬手」，並註記說明「南乳風味燉煮豬腳」，還是完全不知道是什麼東西，總之只知道是豬腳料理。但每次看到的時候都會想起在廣東、台灣、上海……等等，眾多端出豬腳的中華料理餐廳當中，這個是最美味的。

數年前曾有二次短期出差上海，晚上就請當地地陪帶我

對於將「上海風芥菜炒烏賊」（980圓）和「蒸雞」（700圓）分別命名為「雪菜目魚」及「上海糟雞」，這種菜名會讓人訝異和實際的料理之間的差異。

到各式餐廳吃吃喝喝。回到大阪的時候，比起上海當地全球化的餐廳和料理，天滿站附近的速度感和平民化料理，讓我覺得這家店還更像上海。

曾經風光一時的「上海食亭」，是會在天滿市場的店家關門後，把桌子和鐵椅整齊擺放出來的路邊攤料理；但這不是紫微星的風格，它是貨真價實的餐廳料理。2、3人進餐廳後首先單點了皮蛋和上海糟雞（清蒸雞），或是單點紅燒扣肉（醬油燉煮豬五花肉）、雪菜目魚（目魚＝上海風芥菜炒烏賊）等等一盤千圓左右的料理，除了這家天滿的上海料理餐廳外，其他地方再也找不到這種感覺。

店家資訊

紫微星

廚藝高超而來到日本當大廚所做的料理，最多只能讓人感覺非常道地。但藉由多樣化的定食以及合併上海拉麵「陽春麵館」等等（春陽麵450圓，非常便宜），反倒成為非常獨特的餐廳。附近的住戶、上班族、女性團客、攜家帶眷、國內外的旅客……多元化的客群讓店面充滿活力。

大阪市北區天神橋4-12-27
06-6358-7808
11：30～15：00、17：00～23：00
不定時公休（平日）

某個週六的喧囂夜。正中間是老闆西山晃生。

天滿站北口

肴屋（肴や）

「想吃點什麼再回家」的酒鬼心情。

這家店的酒客與其說是來喝酒，不如說大部分看起來是想吃東西。酒鬼如果覺得「不想直接回家，想在某處吃點什麼再回家」，就會想選有啤酒或清酒的店家，往往就形成了「串炸和啤酒」、「關東煮和清酒」的模式。

普通居酒屋理所當然地會成為候補之一，除非是平時常去的店，不然一個人去的話就會覺得很無聊，這樣就不如選擇立飲的小酒館。以食物來說，這家店的料理實在是超級好吃的，譬如像串炸、串燒、關東煮、煎餃等等，讓心情就有如置身在「美味專門料理店」的「酒館」般。

這一天因距離約定的時間還有一小時，當下就決定前往距離大阪站只有一站的天滿站北口。我到了店家後指著吧台前玻璃櫃內說：「這是櫻花蝦吧？這蝦子要怎麼吃啊？」店家回答：「沾芥末醬油食用。」我便決定：「那麼就這個吧。」同時搭配啤酒，結果反而讓肚子更餓，並莫名的想喝點葡萄酒，所以就換成了白葡萄酒，也順道點了蛤蜊海鮮燉飯和吻仔魚披薩。

不論是價格、食材和鮮度都很完美。櫻花蝦300圓、綜合生魚片750圓、吻仔魚披薩380圓。

從蛤蜊海鮮燉飯300圓、紅酒一杯330圓的低價，可想而知每日來客數眾多的原因。

即使是快快吃完就迅速離開，也會有滿滿的飽足感。之後再回到大阪站，轉搭阪急線前往中津。題外話是中津站的「憩」（いこい）仍持續營業，如果有時間的話，我都會順道過去喝一杯。像這樣距離大阪或梅田只有一站，出站後馬上就可以享用美食的「好店」，是非常有吸引力的。

店家資訊

肴屋

點了綜合生魚片並搭配啤酒後，再加點自家製雞肉火腿搭配清酒，之後又點了吻仔魚披薩、蛤蜊海鮮燉飯以及白葡萄酒。是一間完整呈現現代日本飲食生活的珍貴居酒屋。下酒菜出類拔萃，酒類如清酒、健力士以及葡萄酒等美式日式應有盡有。好處是只要不加點過多，消費大概都可控制在3000圓以內，天滿街道的店家真是佛心來著。

大阪市北區天神橋4-11-20

06-6356-1900

週一至週五，16：00～22：00（最後點餐）週六、週日、國定假日，15：00～21：30（最後點餐）　週二公休

對於常以梅田至大阪站為總站的人而言，搭乘環狀線前往天滿一帶只需一站，即使搭乘地堺線或谷町線，也只需六站即可到達。但搭乘小黃的話會十分無趣，因為那和前往北濱或肥後橋、平野一帶的餐廳是完全不同的感覺。

天六

上川南店

具體呈現天滿至天六優點的一家店。

這並不是酒吧和lounge林立的街道，也不適合喝到半夜再共乘小黃回家。

此外，如果只以「B級美食的集散地」想法，注意立飲屋或是塑膠布覆蓋的路邊攤，那就大錯特錯了。不管是相同的串炸還是好吃燒，在新世界和道頓堀就完全不同，絕對不可以把大阪的飲食當成「觀光」街道。我認為這就是天滿的優點。

晚上往天六方向時，很適合遠離商店街行走，我也常常這樣。從天神橋筋5丁目附近開始，朝「春駒壽司」（春駒寿司）和「奴壽司」（奴寿司）的位置轉進去，並由商店街的一條東向道路往北走，就可以看到一整排掛有酒名商標的招牌和布幕的日式料理店。

最後一間即是「上川南店」，店的對面是有著老舊磚瓦牆的「川島婦產科」，上到2樓可以看到這間店的「湯豆腐・二合酒器」看板（譯註：二合約360ml），充滿獨特的街頭景色。

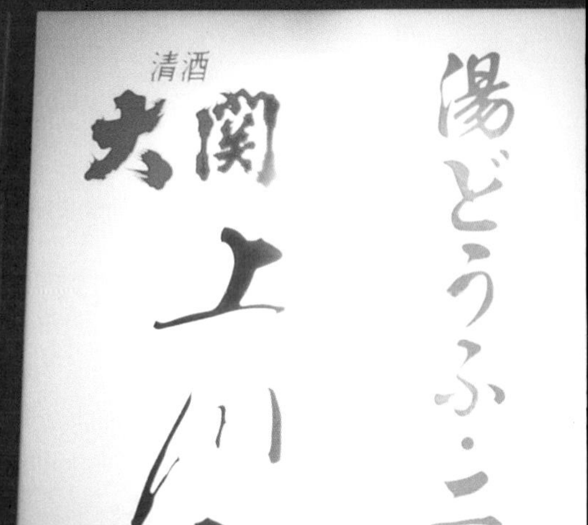

如果點了生魚片，就會被詢問「若是拼盤可以嗎？」（如圖左，1700圓起）。當要結束時還常常會被問「要不要再來點鯖魚壽司？」「再來一盤嘛。」總之色彩都鮮豔到讓人垂涎欲滴。1份2300圓。

這家店的空間和氣氛，像是綜合了居酒屋、小料理屋和壽司店；不知是否因為3樓是可以宴客的日式房間，所以有時會聽到某人致辭後的鼓掌聲。

不管是綜合生魚片還是什錦蔬菜，甚至也有壽司、天婦羅、串燒、鰻魚和招牌上寫的湯豆腐；不論是生魚片的芥末、螃蟹或醋拌涼菜的三杯醋，就連隨鐵火卷（**編註：鐵火卷是以海苔包捲壽司飯、生鮪魚肉等食材，捲成長條以後再切成段來食用。**）一併附上的生薑片都很美味。因為太好吃了，而且酒也很好喝，所以讓我自以為是的認為「原來如此，這就是二合酒器啊」。

「溫度不夠的話請和我說一聲。」店員這樣叮嚀後便拿出二合酒器的清酒（也稱為鉢卷），這溫酒也十分完美。

這條街上有少數客群是襯衫會加袖扣、領帶會加領夾的東京上班族坐在餐桌席，而且只會點適量的鯖魚松前壽司；如果有人想要帶走當伴手禮，大廚也會叮嚀：「這個可以放到明日中午前哦。」光是看著都覺得好滿足。

因為常客多半坐在吧台，所以常常見到和第一、二代老闆相談甚歡的樣子。長得像宍戶錠的中年男子，邊吃邊吸著hi-lite（喜力香菸），夾住香菸的手指指甲周圍沾染著可能是染料的東西，他也許是某種工匠吧。對我而言，是個令人感到既懷念又美好的景色。

在顧客面前將蛋液打勻並現做的煎蛋捲。500圓，口感絕妙。在東京有眾多粉絲的名產湯豆腐，可以選擇1份或半份，照片裡是半份（都是400圓）。

其實沒有必要去很多店家踩點。只要去上川南店一趟，就會發現什麼都有，什麼都好吃（一家店具體呈現天滿至天六街道的優點）。店裡不會出現提問「有什麼好吃的」，以及囑咐「都交給你點餐」的客人；不僅是因為「看了就知道該怎麼點」，而是店裡客人都會主動提出「這隻蝦用醋物來料理」等等，有自主點餐能力。

走出這家店的時候，有時也會有今日就此一家，回家後再喝杯蘇格蘭威士忌加水的想法。

店家資訊

上川南店

某個春日，很難得的6人同行，而且都點了相同的料理：涼拌花椒芽、涼拌螢火魷、竹筍、湯豆腐（半份）、生魚片拼盤、玉子燒、鯖魚棒壽司。坐下就喝起鉢卷（店家以此代稱二合酒杯）。與其說我們是大叔，應該更像老一輩的古人。

- 大阪市北區天神橋5-4-11
- 06-6351-8248
- 17：00～22：00

週日和連休的國定假日公休（週二～週五為國定假日時則營業）

身兼店內招牌的短冊，寫著大瓶啤酒「五百五拾圓」、湯豆腐「四百圓」，讓人感覺到店家的驕傲及幽默感。

何謂好吃的壽司

1

福島 鮨文（鮨ふみ）

一為何無法資訊化？「好的壽司店」組成元素。

終於在公司附近有了一家常去的壽司店。雖說是常去，也不過是開店一個月內去了三次，但確實也算是常客了。

為什麼會這樣呢？這家在大阪福島名為「鮨文」的店，稍候再談店內大小事，首先我想聊聊壽司及壽司店。

近幾年在新書和單行本中都寫著「還是附近的烏龍麵、好吃燒和壽司最美味」，但也有「附近既沒好吃燒也沒壽司店，叫我們如何是好啊！」這樣無奈的反彈聲浪。

的確，由全國水平來看的話，像京都或大阪這樣，在自家或公司附近以及周邊車站的街道，一定會有烏龍麵店、好吃燒店及壽司店，我們這邊也許還算是比較少了。但是如果不是常去的壽司店或熟客的話，為了顧及店家顏面，即使再難吃也不會直接說出來，對吧？列出「只會去這店的理由」，除了這是代表這條街道的優良壽司店，以及老婆大人的老家之外，還有二星級割烹的廚師是小學同學等等；雖然這樣是最好的，但好像不是每個人都可以這樣。

會一直前往同一家壽司店用餐，並不只是因為店家偏愛我而提供好處（當然有一部分是這樣），還有合不合得來的問題。更極端一點地說，就是食材的好壞和價格高低的CP值問題（當然實際上是很超值的）。所以每個人心中覺得不錯的壽司店，必定會不太一樣。

一旦坐在壽司店的吧台席上，主廚會在客人面前將魚切開，並把切下來的魚肉及生的貝類做成生魚片；同時挑除沾到血的部分，再去掉魚皮做為壽司料。雙手沾滿醋水後用手抓起醋飯，並用手指把醋飯塗上芥末，放上魚肉後握緊；以手指按壓再於掌內翻轉一圈，就變成壽司。

正因為是操作極為簡單的料理，所以會很容易受到操作者自身感覺的影響。魚肉的鮮度或是醋飯什麼的都是過去式了，影響元素除了壽司師父的手指、身體、神情及聲音等狀態，還有砧板、菜刀、醋飯桶、抹布、捲簾、壽司台是否為自身熟悉。就是這些俱備才能形成一間「常去的店」吧。

所以很難資訊化一間「好的壽司店」該有的元素，甚至根本是件毫無意義的事。第一次造訪的壽司店，所見所聞都是很感官的，縱然味覺是否被壽司滿足也是感覺的一種，但是壽司上菜以前的各式服務及感受也很重要。

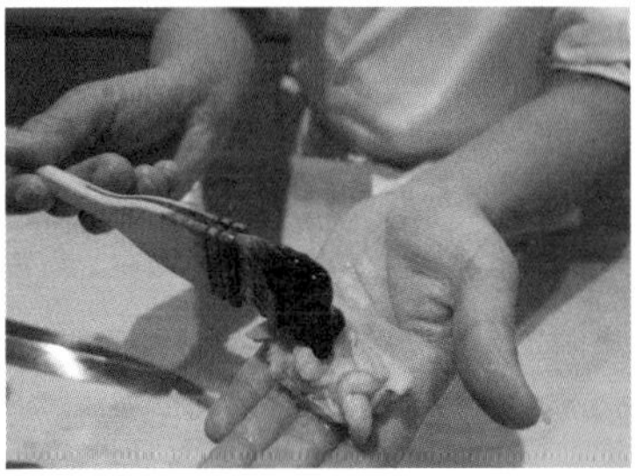

即使覺得「可以去」，也去了那家店幾次，也稱不上完全理解那家壽司店。利用評比或是資料庫四處踩點的美食家，壽司店是他們最大的弱點。

自稱瞭解很多壽司店的美食家，或是在tabelog網站撰寫業配文的人，是無法和店家培養感情的，所以他們會搞錯資訊，譬如海鰻到底是由良產還是沼島產的。因此，依循美食雜誌或美食部落格的評價前往店家，是大錯特錯的。

「數寄屋橋次郎」（すきやばし次郎）壽司店首次登上報章媒體，是在美食熱潮的90年代左右。而正式被資訊化是在2007年的《東京米其林指南》。

現在在許多壽司店依然是無菜單或無價格標示，壽司店的資訊一般是不公開的。就連我們這些編輯及作家，在為了撰寫特集等等而尋找題材的時候，都必須依靠寫手常去的店家，或是利用中間介紹人的關係去拜託店家，才得以採訪。

這部分也和祇園及北新地的俱樂部與lounge一樣，這類夜店的採訪及資訊也不會刊載在雜誌或旅遊書裡面。

造訪壽司店就像是學習外語

造訪陌生壽司店的常用手法是「請某人帶你去」。

不是依循美食情報的建議前往，而是請那家壽司店的常客帶你去。既然是第一次造訪，就會有不瞭解的地方，例如到底是間怎樣的壽司店，那邊的做法和模式、菜單、吃法等等，就算是坐在吧台席也不一定清楚，菜單上也不會註明這些。總之先向知道的常客請教才可以逐漸瞭解。

會讓我覺得可以去的壽司店，不代表我知道店家「為什麼沒有標示價格？」、「壽司料的點菜有沒有前後順序？」、「可以突然點鮪魚肚壽司嗎？」、「是用手抓還是筷子夾著吃？」等等疑問。這些縱然是某些「正確標準」，但不一定要符合才能在壽司店吃得美味，不如呈現「我們就是這樣的店」，再看看店家模式能否迎合消費者的喜好，才是最重要的。

這正是和料亭及割烹的高門檻不同，也就是「壽司店的分水嶺」。也因此讓第一次來店內的美食家無法輕易得其門而入的原因。

雖然不是一心關注價格，但有時還是難免在意。像我第一次前往街角的壽司店，並且交由主廚負責菜單，結帳時出現總金額「2萬圓」（偶爾也會有2千圓），也只能乖乖付款。但是不允許因為訝異總金額而要求看明細，或是詢問「鮪魚肚壽司一貫多少錢？」，於是只能在震驚與疑惑之餘，決定下次再也不來這家店。

譬如就曾聽過到數寄屋橋次郎用餐，30分鐘要花2萬圓的傳聞，但也只能回應若30分鐘吃了美味的10幾貫，不是很好嗎？這就是一間甚至沒有廁所的店。不能只在意幾分鐘就要花多少錢，而覺得昂貴，畢竟這是壽司店，不是夜總會。

不瞭解的人是不能去的。

試著請懂的人帶自己同行，用這種方式「向人學習」。讓同行的人先穿過店家門簾，開始體驗這裡的規矩或習慣，一邊跟在後面學習，一邊體驗才能瞭解。但若想知道「什麼最好吃」、「我吃的這個多少錢」，除了每日因應壽司料不同而有時價之外，就只能不斷和店家反複交涉才知道。

這一點和學習外語類似。

可以把壽司店當成一個國度，那間店的做法和細節，就像是他們專屬語言的文法和措辭；在多次請人帶領同行用餐並交流的過程中，漸漸增進瞭解。之後去那家店就可以輕鬆隨意的聊天。

可能會發現這附近的清蒸星鰻是先蒸煮再塗上醬料、或是因為該季的鰈魚還是小小幼魚，所以一次用3隻；也可能因為擔任翻譯而拜訪新的店，這都是有趣的大小事，因為這些事情成為一個契機，而瞭解不同街道的壽司店，對於成為街頭行家來說是極為重要的。

店家的真實情況無法整理為「資訊」

尋找美食並非只是擁有許多美食資訊，然後不斷的換地區、換間店、換品項而已。為了尋求美食而東奔西跑，最後也沒能吃上像樣的東西。

雖然參考「百大美味拉麵店特集」而前往踩點，也許有很高的機率能吃到一百碗美味拉麵，但終究不是絕對，搞不好還會感到詫異或疑惑。

店家的特色可以十分多元，例如是否有價目表和菜單；客人詢問「今天的白肉是什麼」，而主廚會不會炫耀壽司料的店；全由主廚自由創作料理的店；看到玻璃櫃裡的赤貝看起來不錯，就突然點一份赤貝壽司的店；用手抓著吃完，再到高雅的洗手槽清洗手指的店；在壽司料上涮涮地塗上醬油的店；主廚繫著領帶的壽司店；不良少年改正

後綁著頭巾成為主廚的壽司店。每一家店都無庸置疑地是間壽司店。

自己探索美食餐廳的時候，無法像雜誌那樣做出數據化的剖析，通常就是闡述自己和店家之間的互動與感覺。

如果要談論某個地方好的壽司店，美食雜誌或情報雜誌的介紹太短，還無法完全掌握。就算想簡單的開始，也因為遲遲找不到可作為起頭的壽司店，所以才想要直接找壽司店的相關資訊，但即使參考「頂級壽司名店」特集，最後也只能體會到「啊，原來我沒辦法去這樣子的店啊」。

雖然是自相矛盾，但如果說要在美食情報雜誌的壽司店特集學到什麼，那就是「並非隨便一家壽司店都可以進去」。這裡說的當然不是口袋深度的問題。

請誰帶你進店是一回事，但若要店家可以接受自己突然點鮪魚肚壽司，也只有自己常去的那家店而已。因為這層關係，所以常年為我服務的主廚也自立門戶，並在附近開了「鮨文」，只能說是十分幸運。

我從6、7年前開始就常去位於南阪北新地的某家東京風壽司連鎖店，老闆平谷史郎先生曾是那家店的代理店長。若算上餐桌席，就是可容納超過50人的大型店家。雖然常客和熟客很多，但仍不失大型店家的平民化。

吧台客人有5、6位廚師服務。平谷先生處理魚肉的俐落感讓人感覺很舒適，所以我也常選擇吧台前的座位。某次我曾詢問他的資歷，他似乎曾在名店「福喜鮨」待過，怪不得在使用本手返和捏醋飯時，展現敲打飯桶以去除多餘飯粒的福喜壽司系職人技巧，和其他廚師相比更為耀眼。

在那之後沒多久，雜誌《波》雖然連載《有次和菜刀》（**編註：日本名刀—有次刀，是許多名廚所喜愛的刀，可現場免費為顧客在刀身刻上文字。**），但他真的是使用有次的菜刀嗎？我曾以此向他詢問各式問題。

「其實我一直都有在用京都有次的菜刀，如果你早點說的話……」我因此和他的關係更加親密，不再只是「那家店的客人」，而是「平谷的客人」。

平谷先生為了自立門　而離開那家壽司店，我之後也只去了幾次。在那之後約一年，我收到了新店開張的邀請函，地點離公司走路約10分鐘。

我在開店前一天去看了一下情形，也帶了一瓶開店當天可用以祝賀的日本酒。就算還是新開的壽司店，但因為能這樣和店家交流，這裡的壽司對我而言就是無可挑剔的美味。

店家資訊

鮨文

不滿10席的L型吧台和1桌的餐桌席。江戶前・福喜壽司系的辛辣醋飯、鮪魚和鐵火卷等等以外的握壽司，最後會塗抹醬汁或蘿蔔泥醬油或鹽巴後端上桌，每份壽司都呈現美麗的形狀。挑選喜歡的餐點吃吃喝喝，費用約1萬圓。

大阪市福島區福島7-7-24　SSS Building 1F

06-6345-4423

17：30~-23：00

週四公休（國定假日與國定假日前一日營業）

梅田

福喜鮨 阪急梅田本店

（福喜鮨　阪急うめだ本店）

—東京壽司的美味和現實。

我認為東京的壽司比這邊好吃很多，但如果有配酒，就會打從心底覺得辣口醋飯真是太棒了！所以雖然人在關西，我還是喜歡像福島的「鮨文」（P．76）那樣東京系的壽司店。

在東京某間壽司店的大小事

十多年前曾經和東京的編輯前輩前往位於神樂坂的壽司店，這是一間「主廚自由創作料理」的店家，外觀就很「正統」。被引導到座位時，發現客人坐姿全都端正得體，壽司師父一臉日式點心師父的樣子，前輩則介紹我：「這位是從大阪來的客人。」

因為我一直都是在看著玻璃櫃內壽司料點餐的店家用餐，不太有機會來到主廚自由創作料理的店家。店家端出了烏賊和鮪魚肚壽司，和平常大阪及神戶的店家不同，壽司呈現細長狀，俐落且十分精緻。不論是切開烏賊後魚身展開的情形，還是鮪魚中肚所含脂肪的漸層感，一眼便可看出都是絕品。

我也很率直地稱讚：「鮪魚肚真是好

吃，真不愧是東京正宗的鮪魚，就是不一樣。」廚師聽到這句話就輕蔑地說：「從青森、大間捕來的」。

我則回應：「原來這就是傳說中從大間捕來的啊，果然超棒的」。其實這麼說都是騙人的，我已經氣到想要掏出藏在胸口的柯爾特點45口徑手槍，並對他說：「那真是抱歉，我還真的不知道啊。誰叫我是岸和田出生的男子漢呢」。不過看在前輩的面子上就放他一馬。

之後那份壽司就成了只是好吃的東西。每個人就連女性都是用手抓著壽司吃，只有我用筷子吃。

而我除了鯖魚壽司、箱壽司及海苔卷壽司外，完全沒有用手抓壽司吃的經驗。

雖然去過很多家壽司店，但我還是覺得東京的壽司店就是好吃。尤其是淺草居民——桃知利男常去的關東煮名店「大多福」，他帶我去的時候，體驗到了京都、大

阪沒有的豪邁，是間陽光、親切又漂亮的店。客人對主廚異常尊敬，但店家也沒有因此對客人很隨便。取而代之的比較像是消費者彼此，或是店家和客人間的長幼順序，也就是平行關係，有如祭典時在等待室飲食的感覺，讓我感到很放鬆。而且還是東京腔最適合這種氛圍及壽司。

所以如果要開發新點的話，最好是和常客一起去，如果你說「我身邊沒有這種人」，那就應該找一位「當地通」，不然只能自認一生和美味壽司無緣，可惜啊。

和業界相關人士一起去的時候，從來都沒有「這家店不錯」、「壽司真好吃啊」的想法，和美食作家一同尤其如此。雖然有一部分原因確實是我那稍稍偏激的觀念，但四處奔波各式壽司店，卻沒能吃上像樣的東西，才是我內心最真實的想法。

用筷子吃壽司的理由

很多東京的前輩曾異口同聲地跟我說：「用手抓到的東西，果然還是得用手拿著吃吧」！雖然的確是這樣，但我用筷子吃壽司的理由有點不一樣。

我是在大阪舊城下町的岸和田商店街長大的。在那小小商店街的一筋和二筋對面道路裡，住著大量工匠，包含木工、水泥工、白鐵工、榻榻米師父，也有染布師父。另外也有研磨鋸子或是修復工具的五金行。

商店街附近有三間壽司店，這三間不論型態、壽司料理和價格都不同；工匠是這三間壽司店的常客，而且都是用筷子夾著吃。原來是工匠的雙手因為工作而弄髒，不管怎麼洗都洗不乾淨，但又不想要讓粉塵、木屑、泥土、油汙、染料等沾附到生魚片或醋飯。會在那些店裡用手抓取壽司食用的，就只有來自其他地方的人。

雖然都是下町，但依舊各有特色，所以壽司店也各有不同，無法一以概之。

大正時代開始的「江戶前」

就像我說寫的「福喜鮨」或是「鮨文」。原本大阪和京都直到文政末年（1830年）左右，都如同《守貞謾稿》書中所寫：「京阪一帶，只准方形大小的押壽司。」而沒有「握壽司」。

明治15年（1882年）左右，離開江戶並前往大阪的壽司師父，嘗試在幾家店面販賣東京風的握壽司，但成績不是很理想。「最終都放棄了握壽司，直到後年的『福喜』到來之前，握壽司專賣店也只有大江橋旁的『大江壽司』（大江ずし）一家。

福喜以鮪魚握壽司聞名，是在關東大地震前不久（大正12年）；不久之後因為東京的人逐漸遷移過來導致需求急增，所以業績大幅成長。流行還真是不得了的東西，鮪魚價格還曾一度比鯛魚價格還高」。

這就是「福喜鮨」。

這家大阪壽司老店不僅在招牌頭銜上寫著「前東京柳橋」，並曾於明治43年（1910年），於東京的兩國、柳橋管理處前開店。

創始人山本喜五郎先生10歲就離開故鄉福井，邊走邊賺取旅費，花了3年才來到東京，真是位明治男兒啊。但是10歲不是還算小孩嗎？在名門「鳴門壽司」學習、並在上野做過路邊攤後，就以出生地福井的「福」和名字喜五郎的「喜」，創立了福喜鮨。並在6年後的大正5年（1916年）因許多原因，將店面轉移到大阪的南地。

這時還沒出現「江戶前壽司」一詞，而且沒有鮪魚也沒有壽司料，卻利用東京流的廚師技巧，在大阪端出了最棒的握壽司。就連高松宮殿下和那時住在奈良的志賀直哉，都常前往拜訪。而店裡就有這麼一位遠從東京前來學習的人。

福喜鮨到了第三代當家山本寬治先生時，已足足超過百年歷史；雖然正在南地日本橋總店捏著握壽司，但同時也在梅田阪急和大阪高島屋展店。雖然是個人偏見，但對於將大阪做為生活場所的我來說，真的認為這裡的壽司是世界第一。

我也常常前往比總店更讓人放鬆的梅田阪急分店。總店握壽司醋飯（聽說是更換散壽司、押壽司的醋飯）的特徵是非常辛辣，非常非常下酒；而阪急分店的醋飯則是改變成比總店清爽的口感。

接客式的服務

我最喜歡在這家店吃鯛魚了。在總店附近的黑門市場打聽許多消息後得知，如果

某天你在福喜鮨吃到難吃的鯛魚，那當天你在大阪任何一個地方吃飯，都會覺得當天的鯛魚都不行啊。關西鯛魚知名產地有明石、鳴門、加太、淡路等地，雖然也會聽到「不愧是海流最快的明石」、「進入大阪灣的加太才是最棒的」等等評語，但如果說到吃鯛魚的話，我認為大阪這家店才是大本營當中的大本營。

到了冬天就吃鰤魚壽司。而且也一定會吃加了芥末的干瓢卷壽司（有時也會點半份），這個在大阪的壽司店不太能吃到。

雖然是閒話家常，但這裡的廚師三不五時就會用古時候的「本手返」來捏壽司。就像變戲法般，右、左、右、左的方式，一邊交替一邊捏製的傳統作法，但廚師在這中間已經做了約二次的「捏醋飯」。右手手指迅速地去除掉少許幾粒醋飯，然後再輕輕敲打醋飯桶，讓多餘醋飯掉落。這時就會發出砰的一聲，讓我覺得好有男子氣慨，超有型的，如果沒有這個動作的話就不是福喜鮨了。

世上有許多美食家或美食通，不太認同醋飯比例對壽司口感的影響，於是會皺著眉頭說：「捏醋飯什麼的真是胡謅。」而我最不想和這種人一起吃壽司。

回歸正傳，壽司店和自己「合或不合」，這是很主觀的東西。

福喜鮨所使用的菜刀和技術，我是有次閱讀《有次和菜刀》（暫譯，有次と庖丁）（新潮社）後，發現這家有優良的待客之道。我不點生魚片，反而必點紅味噌湯，但我也希望店家能放包含眼珠的鯛魚頭，店家也總是能回應我的需求。除此之外，和這裡的廚師閒話家常也很快樂，這也是我不斷造訪的原因之一（雖然價格稍貴，但感覺還是比較重要）。

我不是想強調這裡的鯛魚、鮪魚、鮑魚或是米產自哪裡，而是說無論這裡的壽司和其他店有何不同，也都只是自己的喜好而已。

店家資訊

福喜鮨　阪急梅田總店

在門簾和招牌上頭銜寫著「前東京柳橋」。「口袋夠深的話一定要每天來哦」、「這個價格還不好吃的話，會暴怒的哦」，這些雖都是調侃山仲先生的冷笑話，但店內氣氛和店員的「接客情形」（好的方面）都是大阪風最棒的讚美。預算約2萬圓，但如果連續點鮑魚和鮪魚的話當然會更貴哦。

大阪市北區角田町8-7　阪急梅田總店13F
06-6313-1541
11：00～21：00
不定期公休（請先詢問阪急梅田總店）

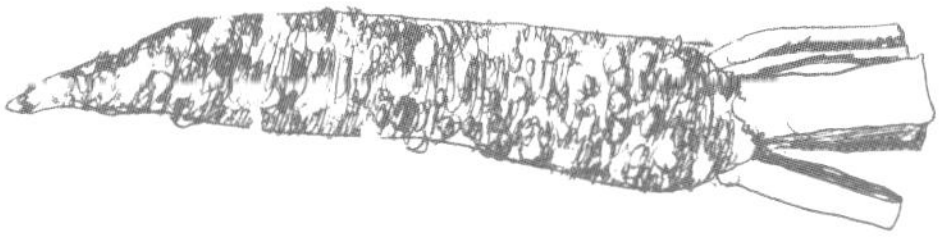

何謂好吃的壽司

3

櫓鮨

北新地

由日本橋的壽司路邊攤發跡。

「櫓鮨」和福喜鮨同為傳授大阪握壽司的店家。

大阪的壽司原本只有押壽司、箱壽司，聽說最早是在明治末期，才開始能在大阪吃到江戶前握壽司。而在這段期間，櫓鮨早已完美呈現當時的江戶前壽司超過一百年了。

櫓鮨現任老闆三木利市先生是第三代。明治元年（1868年）出生的第一代當家是大阪當地人，和料理店、壽司店、鰻魚飯店都有廣泛的商業往來，也由於收購了挖出溫泉的寶塚溫泉旅館，擴張過大造成經商失敗。便在明治末期前往東京，在當時的魚河岸日本橋上開始壽司路邊攤的生意。之後也有了店面，但在1923年關東大地震時倒塌，又回到了大阪。最後將曾經是稻米交易所的堂島濱的空屋做為壽司店。

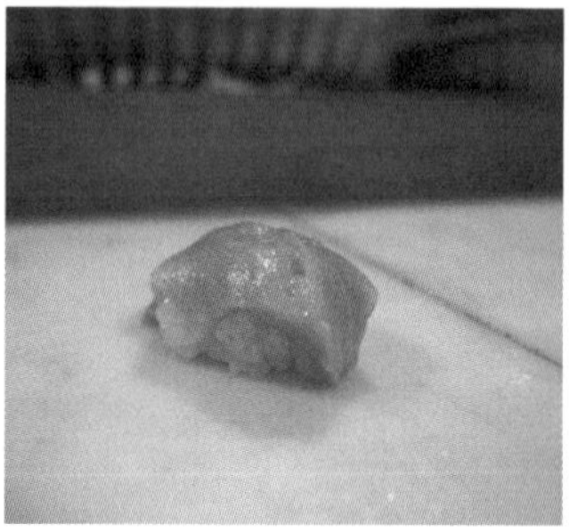

現在的店面建於昭和33年（1958年），招牌上寫著「魚河岸」這種帶有設計感的鬚狀文字，也述說著道道地地江戶前壽司的故事。

小菜，以及從鮪魚開始的各式壽司

店家在客人入座後會馬上端出用碟子裝著，殘存餘溫的現煮小章魚，這就是小菜。順帶一提，在大阪有許多舊式壽司店，會端出一杯酒，以及水煮後再燒烤的烏賊耳做為小菜。如果要端出相同的小菜，不是用事先做好的，而是端出現做的才是壽司店大廚的矜持。

接著是鮪魚壽司，當然也是鮪魚和中肚各一貫，特徵是小小圓圓的壽司。之後是烏賊、貝類、蝦子（活跳跳）、青背、星鰻這樣的順序。譬如合併烏賊和海膽等等，不管哪一項都要事前準備。

雖然前代老闆已過世，但聽說第二代是東京淺草長大的壽司職人，某次來北新地遊玩的時候，向前代老闆不斷請求成為第二代老闆，最後以養子身分將他納入。

聽著今年已74歲的第三代老闆，述說著這家老店的故事，才會覺得原來和最近以大阪、京都為首的握壽司有這麼大的不同啊。

招牌上也寫著「前東京柳橋」的日本橋福喜鮨，再加上北新地的櫓鮨，以及幾年前仍在南地相合橋筋營業的「壽司捨」（すし捨），都在大正12年（1923年）繼承了明治時代「抓壽司」名店字號的店家，也都因為最早端出「蝦子之舞」而廣為人知，更是大阪超越東京的時代領導者。

但那時和現在完全不同，當時是個沒有地區雜誌、美食雜誌等等的時代。就像織田作的《夫婦善哉》所寫，完全都要靠美食通或是老司機之間的口耳相傳。

雖然現在壽司店資訊也能刊載在美食雜誌或米其林指南，但這些壽司店大部分的資訊，都和無菜單或無標價一樣無法公開。而我也終於瞭解可以和不可以刊載在美食雜誌的店家差異性了。

我之前曾試著詢問捏壽司的師父這是哪裡的鯛魚，然後得到「明石啊」或「加太」的回應。這個是餐桌上的對話，也就是資訊，只有常客才聽得到，同時也會有很多廚師認為你是在打探消息，所以不願意回應。舊式壽司店師父的氣度，也會展現在壽司當中，這點也是用餐時的一種醍醐味。

店家資訊

櫓鮨

小菜之後是端出放有生薑片配醬油，及雕刻青紫蘇的小碟子。再開始捏製壽司並放置在石製壽司台。店面以前曾是一般住家，目前位於北新地，是由二層樓搭建的房子。

大阪市北區堂島 1-1-20
☎ 06-6341-7566
17：00～21：00
週六、週日、國定假日公休

船場

北濱・肥後橋・靭公園・本町・內本町・南船場

即便在夜深人靜的商辦街，「居民」也仍不斷增加。下班要返家的人和當地住戶，在相同空間一同悠閒度日的景象，儼然已成為船場的特色之一。

船場

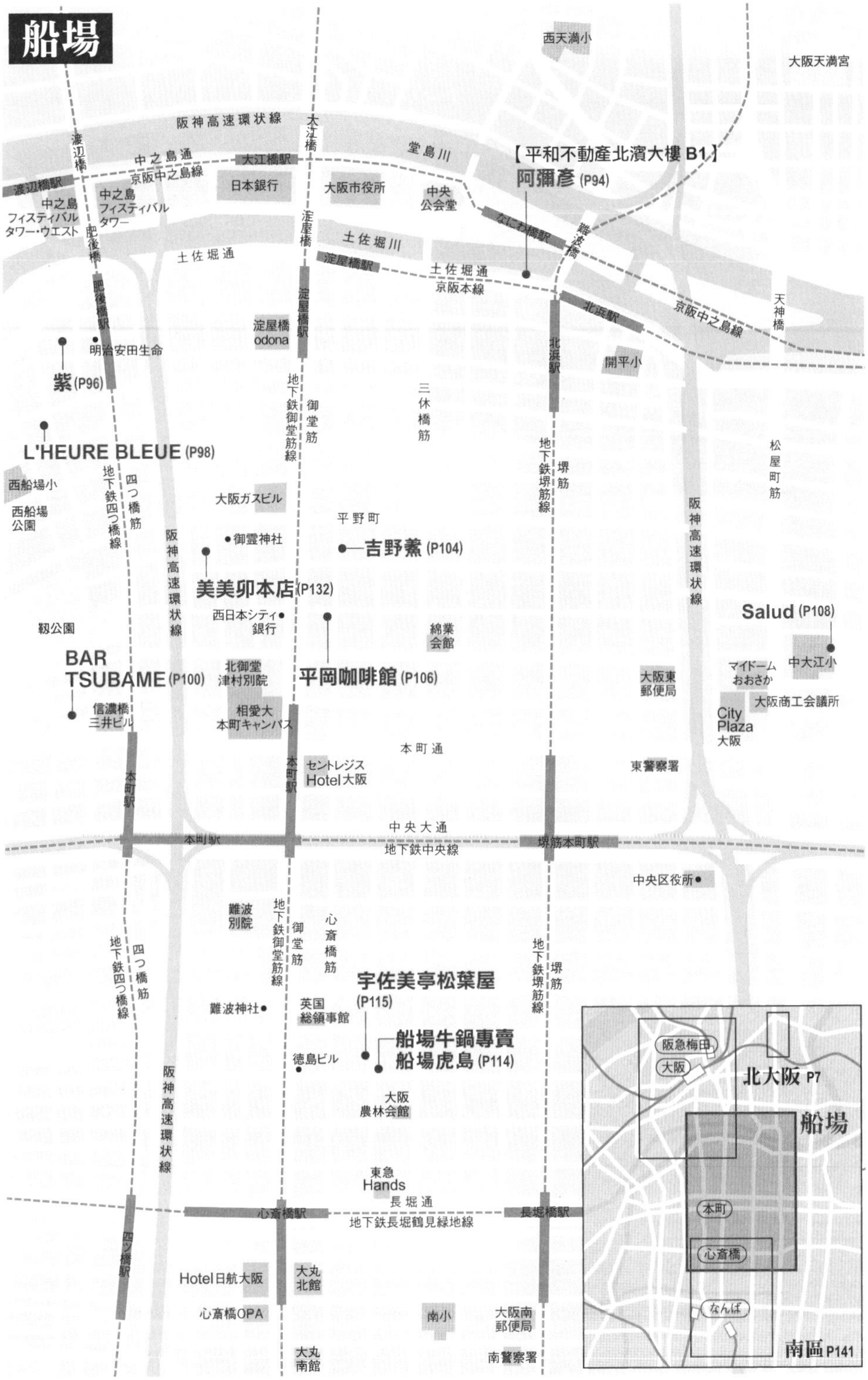
西天満小
大阪天満宮
阪神高速環状線
大江橋
渡辺橋
堂島川
中之島通
大江橋駅
京阪中之島線
【平和不動産北濱大樓 B1】
阿彌彥(P94)
渡辺橋駅
中之島フェスティバルタワー・ウエスト
中之島フェスティバルタワー
日本銀行
大阪市役所
中央公会堂
なにわ橋駅
難波橋
肥後橋
淀屋橋
土佐堀川
土佐堀通
淀屋橋駅
京阪本線
北浜駅
京阪中之島線
天神橋
肥後橋駅
淀屋橋odona
淀屋橋駅
明治安田生命
紫(P96)
北浜駅
開平小
地下鉄御堂筋線
御堂筋
三休橋筋
L'HEURE BLEUE(P98)
地下鉄四つ橋線
四つ橋筋
地下鉄堺筋線
堺筋
松屋町筋
西船場小
西船場公園
大阪ガスビル
平野町
阪神高速環状線
御霊神社
吉野縈(P104)
阪神高速環状線
美美卯本店(P132)
西日本シティ銀行
綿業会館
Salud(P108)
靭公園
BAR TSUBAME(P100)
北御堂津村別院
平岡咖啡館(P106)
大阪東郵便局
マイドームおおさか
中大江小
大阪商工会議所
City Plaza 大阪
信濃橋三井ビル
相愛大本町キャンパス
本町通
本町駅
本町駅
セントレジス Hotel大阪
東警察署
中央大通
本町駅
堺筋本町駅
地下鉄中央線
中央区役所
難波別院
地下鉄御堂筋線
御堂筋
心斎橋筋
地下鉄四つ橋線
四つ橋筋
地下鉄堺筋線
堺筋
宇佐美亭松葉屋(P115)
難波神社
英国総領事館
船場牛鍋專賣
船場虎島(P114)
徳島ビル
阪神高速環状線
大阪農林会館
東急Hands
長堀通
心斎橋駅
長堀橋駅
地下鉄長堀鶴見緑地線
四ツ橋駅
Hotel日航大阪
大丸北館
心斎橋OPA
南小
大阪南郵便局
大丸南館
南警察署
阪急梅田
大阪
北大阪 P7
船場
本町
心斎橋
なんば
南區 P141

北濱

阿彌彥（阿み彦）

一即使是夏天，也想在鰻魚飯店家品嚐溫酒。

鰻魚丼飯2300圓。

說到夏天的酒，當然就是在鰻魚飯店家喝酒，別無二選。不使用關西流先蒸熟的方式，而是直接將鰻魚烤至金黃酥脆後灑上花椒；一口咬下並搭配一小杯清酒，真是一大享受啊！

我認為一定要搭配溫酒，冷酒絕對不行；如果有淺漬水茄的話也要來一盤，淋上醬油後狂配溫酒。我心裡邊浮上這種想法，邊和同伴前往「阿彌彥」。在商辦大樓地下室的老店，真是符合土佐堀川的北濱樣貌。

首先，當然是先來瓶啤酒。再來是1份烤鰻魚拌黃瓜和2份鰻魚丼飯「竹」。

隔壁桌2位40幾歲的兄妹，都各點了一份烤鰻魚並搭配一壺清酒；男的操著很重的大阪腔，邊抽煙邊閒聊。單點的烤鰻魚並不是丼飯，而是下酒菜。這完全是酒場老將的樣子，也是這家店的常客才會有的景色。

我則是先用啤酒潤潤喉，當女服務生端出放有半份夏日美麗魚凍的下酒菜時，我就好像剛剛忘記說了一樣，急忙和女服務生說：「麻煩清酒，溫的」。

穿著和服的女服務生問：「菊正宗可以吧」？我則回應：「是的，這個就好」。大阪腔搭配溫酒，特別有夏天的味道。

如果穿著T恤搭配短褲和夾腳拖就來鰻魚店用餐，還真是無法想像；就算穿著Lacoste的POLO衫及Levi's牛仔褲也很不恰當。倒是正式襯衫或一般襯衫都很合適，但也不是一定要穿著名牌或是套裝才行。

我一邊想著這件事，一邊也想著：「現在是不是已經在烤了呢」？然後乖乖地等候鰻魚丼飯上桌。

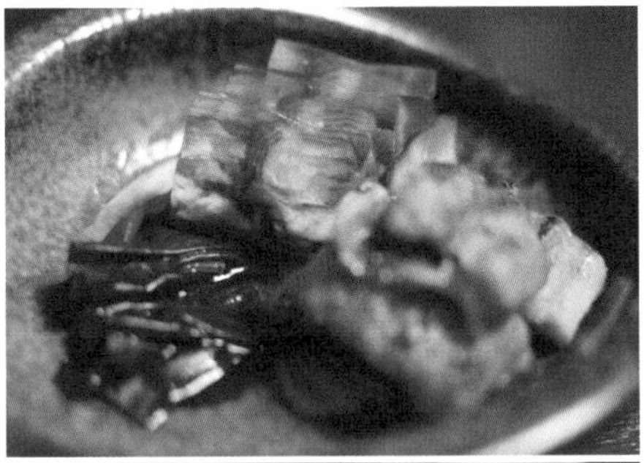

烤鰻魚拌黃瓜1200圓。大阪意外的有許多「江戶燒」、「東京流」的招牌，讓人覺得「非這間不可」。

雖然已經收過這間的伴手禮，但看見有著大大「鰻」字的包裝紙，還是可以感受到美味。

店家資訊

阿彌彥

店家於寬永年間（1630年左右）在大阪網島，以淡水魚商社名義成立。元祿年間在幾乎是現址的位置，利用屋船開始經營鰻魚飯店面，是一間屹立不搖的大阪老店。

大阪市中央區北濱2-1-5
平和不動產北濱大樓B1

06-6201-5315

週一至週五，11：00～14：00（最後點餐），16：00～20：30（最後點餐）
週六11：00～15：00（最後點餐），
16：00～19：30（最後點餐）
週日、國定假日公休

江戶堀

紫（むらさき）

「來吃鯨魚吧」，無可置疑的大阪文化。

雖然能在大阪的關東煮看見炸皮脂和鯨舌肉，居酒屋也有鯨尾肉和鯨魚培根等菜色，但要是店家能端出完整的「鯨魚料理」，反而會被說是濫殺鯨魚，料理也會衍伸很奇怪的問題。

但是既然能成為大阪自誇的傳統料理，除了有這家讓人安心的「紫」之外，更重要的是還有「難波的鯨魚博士」之稱的老闆今川義雄。

餐廳若是要介紹食物和功效，除了讓人想邊喝酒邊聽近乎說教的無趣說明外，也可以選擇像今川先生這樣，會引用名言錦句介紹日本的鯨魚文化，讓人不管聽幾次都覺得有趣。而且店內也利用古代繪畫和資料展示鯨魚的鬍鬚和牙

1樓是餐桌席、2樓是下挖式暖桌的日式房間、3樓是團客用的座位宴會講廳的多用途房間。

擁有完美配色的鯨肉涮涮鍋2830圓（照片是2人份），只要淺嚐一口就會感到絕妙美味。左圖是今川先生。

齒，彷彿是一座街頭的鯨魚博物館。

招牌菜則是「鯨肉涮涮鍋」，甚至有商標登記。將生魚片的魚皮、嘴邊肉、紅肉和壬生菜一起下鍋涮過後食用，堪稱絕品好鍋。雖然是鍋物料理，但一開始必定是將嘴邊肉放入碗裡，再淋上超熱的高湯後食用，是有點類似氽燙涮涮鍋的鯨魚料理。最後放入浪速烏龍麵的美味最廣為人知。

另外還有副菜也很不錯，像是生魚片（4種1950圓）、培根（1400圓）、炸豬排或炸鯨魚塊（1080圓）等等。還有一點連挑剔的人都會感動，就是「培根果然是使用老牌子的伍斯特醬，而非生姜醬油」。

店家資訊

紫

昭和27年（1952年）以割烹起家。現在是第二代老闆，主要提供海鰻或河豚等活魚料理，鯨魚料理也是大受好評，甚至成了主要客群。樓上是個室，所以也有許多辦宴會的客群。以前曾服務過因解析大阪文化，而廣為人知的文化人類學家中澤新一先生，他曾說：「這是大阪最應該保護、最棒的店。」

大阪市西區江戶堀1-15-4
06-6441-3871
17：00～23：00（週六～22：00）
週日、國定假日公休

江戶堀

L'HEURE BLEUE（ルールブルー）

——舒適的環境，以及想吃點什麼的心情。

似乎是因為廚房占了店面一半以上的關係，所以除了最裡面的一桌餐桌席外，其餘10席都是吧台席。在寬而長的吧台另一側，切菜、生火、加鹽、灑胡椒、裝盤等等烹調動作都一目了然。

廚房和吧台的距離感拿捏得十分完美，像是到主廚南條

南條主廚總是快樂地做著料理，由於料理能呈現人品，我想這就是造訪的理由。

秀明的家中被招待一樣。像是為了「細細品味」而設計的椅子，不管坐多久仍舊舒適，就好像全家人坐在餐桌，等待擅長料理的媽媽端出各式美味。這是大多數開放式廚房或吧台樣式的店家沒有的氛圍。

小菜料理一下子就擺滿整張桌子。菜名就像這次採訪的法式醬靡一樣：「茶美豬肝佐無花果乾醬靡、手工醋漬野菜和小份沙拉、附加第戎芥末醬」，名稱十分冗長。但這已經不是單純用記號來記名字，而是刻畫在身體上的自然反應。

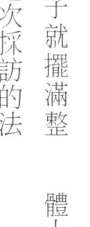

老闆十分慷慨，每一盤的份量都很多。如果是一個人吃一定會很撐。因為每道都是營養均衡的料理，所以才能盡與點自己喜歡的東西，在飽餐一頓後感到心滿意足。

文中提及的法式醬靡1500圓。熊本直送早市蔬菜的黃油炒青蔬1700圓。套餐（6500圓）的口感也是十分美味。

店家資訊

L'HEURE BLEUE

同行的美食記者說從沒見過法式醬靡，並且情緒高昂地準備大快朵頤，要吃得一乾二淨。先用叉子挖出骰子狀的肥肝，明明光是這個就讓人覺得超好吃了，主廚卻說：「我覺得這是很普通的料理。」但記者和我都覺得才不只是這樣呢！

📍大阪市西區江戶堀1-19-2　LineBuild 1F
☎06-6445-3233
🕒週一、週五，18：00～22：00（最後點餐）
週二～週四、週六，11：30～14：00（最後點餐），18：00～22：00（最後點餐）　週日公休

靭本町

Bar TSUBAME

重視「故鄉」的雞尾酒名手。

完美的鐵刀木吧台席。因為有舒適的座椅、友善的待客方式以及好喝的雞尾酒，所以有許多客人久久不肯離去。

酒吧所在的靭本町周圍，有個從中世紀就開始營運的海產市場。「靭」這個地名和豐臣秀吉有很大的關係。某次秀吉和隨從一起來到這裡，聽到魚販很精神地叫賣著：「超便宜的哦、超便宜的哦」！就問隨從：「箭袋指的是靭（放弓箭的東西）嗎」？（**譯註：「便宜」和「箭袋」的日文發音相同**），因此有了這個地名。

靭至今仍有幾家賣柴魚片的批發商，但靭公園一帶則成為十分寧靜的場所，也吸引許多時尚的咖啡館和義大利、西班牙餐廳等餐飲店進駐。尤其是靭公園南側的某個角落，是住宅區和商辦街融合交錯的閑靜區域，就開著這麼一家店。既是調酒師也是老闆的金子步先生，開設的地下酒吧「Bar TSUBAME」就位於這個交界處。

金子先生製作高杯酒時的美好儀態，是兼具優雅和率直的專業人物。

金子先生出生於新潟縣燕市，就讀大阪教育大學後就定居大阪。大學畢業後，就跟著北新地名店「Bar Leigh」的早川惠一先生學習了11年，時機成熟後就獨立創業，於2014年11月成立了這間酒吧。因為客群包含下班要回家的人，以及附近的住戶，秉持著要長期受當地人喜愛的使命，就選擇在靭公園開店了。

開店時直接將自己心愛的故鄉名字，用英文當成店名。除此之外，也在距離老家燕市走路可到的銅器鍛造店「玉川堂」，備齊了馬克杯、啤酒杯、水瓶等等。玉川堂創業於文化13年（1816年），採訪時已有二百年的歷史；這麼長的時間以來，工匠精神忠

因銅面而有絕佳導熱性的鍍錫馬克杯。出眾質感再加上好握的設計，是個很棒的酒杯。

實地敲打銅器，塑出想要的形狀，最終使其成為容器。作品也曾在明治6年（1873年）的維也納博覽會上展出，也是文化廳的無形文化遺產指定的工房老店。

店內十分獨特，除了有7席以名樹鐵刀木打造的吧台席，再加上宛如昭和接待室的6席餐桌席，以及板凳椅的3席餐桌席。

店家自豪的調酒莫斯科騾子（1000圓），是由泡過生薑和辣椒粉、粉紅胡椒的**Finlandia**（伏特加）為基底，加入薑汁利口酒、薑汁汽水、萊姆而成。在有如觸電般的辣味中又帶點乾澀，是相當刺激的口感。

然而擁有屹立不搖高人氣的還是威士忌。不論是山崎、白州18年還是艾雷島都有。我和老闆說：「高杯酒之後再來點什麼。」老闆就接著端出格蘭菲迪12年（900圓）。玻璃杯裝滿既大又細長的冰塊，表面彷彿被研磨到發亮，有著無可挑剔的高完成度。

餐點類也一樣堅持故鄉新潟的美食，包含各式鮮蔬泡菜、馬鈴薯沙拉（各400圓）及越乃黃金豬的豬五花、香腸（各600圓）等等，都是店家專屬的酒吧菜單。

創業時利用銅板壓模技術製成的招牌，是第7代老闆玉川基行先生直接送給金子先生的禮物。

上圖／如果人數眾多想要聊天時，就可以利用餐桌席。下圖／銅器鍛造的酒杯，就連殘存的氣泡都這麼美。

越乃黃金豬香腸。紮實的肉質十分有嚼勁，和蘇格蘭威士忌超搭。

店家資訊

Bar TSUBAME

不管是從北區還是南區前往，搭小黃都只要10分鐘。許多知道這家店的死忠顧客，會在北新地喝完後，再特地來這喝最後一杯。

📍 大阪市西區靭本町1-13-7　協和信濃橋大樓B1
☎ 06-6479-0717
🕒 18：00～1：00 週日、國定假日不定時公休

淡路町

吉野鮝

「三寸六分的懷石料理」，最棒的大阪壽司。

「箱壽司和吉野卷」。永遠忘不了第一次見到這裡的箱壽司時的衝擊感。

回憶太閤秀吉建築大阪城時的「船場」，也就是大阪鄉民文化的故鄉。那個船場雖然在大阪夏之陣和太平洋戰爭的兩次戰火中燒毀，但至今仍有少數幾家店繼承其靈魂。最具代表性的一家店，即是天保12年（1841年）創業的大阪壽司「吉野鮝」。

箱壽司繼承「熟壽司」保存食物的傳統，是大阪原有的壽司；相對的，江戶前壽司歷史較短，比較像是快餐化的產物。而東京式握壽司出現在大阪的時間點，據說是明治末到大正前期。

這家店傳統的箱壽司，是將使用油魚和鯖魚等常見魚類的壽司高檔化。也就是將烤星鰻、蝦子、玉子燒、小型鯛

充滿現代感的外觀，卻傳達出老店的氛圍。

魚、黑木耳、蝦子、調味香菇等等精選素材，各別由專業廚師進行烹調，再小心翼翼地裝入盒中（木型），因尺寸而稱為「二寸六分的懷石料理」。無論是味道或配色都取得良好平衡，每一個都稱得上是完整的料理，可以不沾醬油食用。

箱壽司就算吃再多也不厭煩，也是受到船場工作者喜愛的奢華壽司，十分適合當伴手禮。在乾淨的店內用餐，「箱壽司和吉野卷」只要2800圓，同時會附上小菜和鯛魚清湯，或是赤味噌湯。

明治的房東比田井天來先生所寫。正確應該是在魚字旁寫個差，表示將魚肉放在飯上發酵的東西。

店家資訊

吉野鯗

因為是大阪壽司，所以原本只有規劃「外帶」和「內用」餐桌席；但重新裝潢之後，2樓也增加了包圍著內場、用美麗檜木做的吧台席。

- 大阪市中央區淡路町3-4-14
- ☎ 06-6231-7181
- 9：00～22：00（最後點餐20：30）週六、週日、國定假日、盂蘭盆節、年末年初公休

瓦町

平岡咖啡館

（平岡珈琲店）

喜愛船場的咖啡，因為甜甜圈而變得更好喝了。

這間大正10年創業的「平岡咖啡館」，位於北區和南區交接處、繼承大阪商人根據地歷史的船場，同時也是關西現存最久的咖啡廳老店。

在太平洋戰爭的大阪大空襲當中幾乎燒光殆盡的船場，其街道樣貌在戰後以令人目不暇及的速度不斷改變。一直住在公司用地或商店大樓的住民，在高度經濟成長期悄悄地搬遷到郊外；而80年代後半泡沫經濟期的時候，也接二連三改建成新大樓；直至近幾年，高樓大廈也持續不斷增加當中。一樓變化最明顯的是Doutor Coffee和西雅圖咖啡，可能是全大阪最大的連鎖咖啡館聚集地。

這些變化就像是耳邊清風一般，雖然很微弱，卻讓我們看到恬靜商家的樣貌，也帶來船場風味的傳統咖啡和美味甜甜圈。

咖啡是自家烘焙的豆子，利用鍋子煮沸後，再用厚棉布味道濃雖濃，卻又很清爽美味。小川先生也說：「苦澀是大人的味道」。平岡咖啡380圓，甜甜圈150圓。

這一帶有許多戰前至戰後誕生的知名建物，也有許多客人會在探訪時走進店裡。上圖是第三代老闆小川先生。

過濾，就是「濾泡法」。直到高度經濟成長期以前，都算是很奢侈的咖啡作法。為了讓咖啡更美味，所以從創業時就一直製作簡單的甜甜圈來搭配，現在更以一口瓦斯爐搭配平底鍋的方式，每日約製作100個甜甜圈。現在這些全由第三代老闆小川清先生掌管。

由於是一個一個炸，所以準備工作從早上5點半就開始，到7點半開店為止，勉強可炸出20個。之後便一直炸到中午，但由於外帶人數眾多，所以有時過中午就沒了，十分受歡迎。

食材也非常簡單，有小麥粉、砂糖、蛋、烘焙粉，之後再用日清的沙拉油油炸。這也是最簡單好吃的做法，即使冷掉了也很鬆軟，沒使用什麼特別的材料，更不做多餘的工。簡直是咖啡最棒的專屬產品。

是船場第一也是唯一的咖啡館，請來悠閒喝杯咖啡再走吧。

店家資訊

平岡咖啡館

往藍色色調的杯子倒入滿滿的咖啡，感覺非常健康；既不是為了熬夜趕工而猛喝，也不是法式或義式套餐的飲料。真要說的話，就是「特地出門去品嚐的咖啡」，這也是店內飄散的氛圍。

大阪市中央區瓦町3-6-11
06-6231-6020
9：00～18：00（週六～16：00）
週日、國定假日公休

Salud（サルー）

在加那利群島酒館品嚐西班牙美食。

涉谷和代小姐某次假日造訪了南非西北沿岸不遠處的西班牙領地加那利群島，當地的船舶公司老闆相中她，竟然就直接就職了，過程十分愉快，最後在加那利群島待了4年左右。偶爾會來公司打掃的當地歐巴桑，經常幫工作到很晚的涉谷小姐做宵夜，因為很好吃，所以涉谷小姐也會向她請教食譜和訣竅等等，學到的料理也成為這間店的菜色之一。

因為日本這幾年的流行趨勢，所以不管是北區、南區還是商辦街，經常看到西班牙酒館；但涉谷小姐回國後，和伙伴伊澤志穗子小姐想在內本町、住宅街公寓的地下室，開間「很罕見的店」。是潮流情勢帶出了這間店。

酒館一詞，在日本指的可以是立呑店、食堂，或是咖啡館。不論男女老少，從早到晚都可進出，是當地人的聚會場所。涉谷小姐也說現在日本的酒館和印象中有所不同，已成為不管是客人還是店家，男女都會打扮得很時髦的聚會場所。但其實很多附近居民也會在深夜來小酌一杯，還有過一

由近到遠分別是橄欖油煮蝦仁580圓、加那利風味炸薯塊500圓、大蒜清湯450圓；就算2個男生分著吃也很飽。紅酒也是精心挑選的，便宜又好喝；自製桑格利亞酒1杯550圓、瓶裝1800圓。

提供料理的伊澤小姐和我。如果是1或2人的話，坐吧台席會更有趣哦。

位剛洗好澡、完全素顏的女性前來用餐；這位女顧客也爽朗地笑著說：「但如果這是間會有帥哥光顧的店，我是絕對不會素顏出現的」。

正因為沒有秉持著酒館就要很時尚的觀念，所以才可以經營得很自在。

店家資訊

Salud

這家店由伊澤小姐經營。店面位於公寓地下室、飄散著住宅區氛圍，過去曾是以每日午餐而聞名的咖啡館。比起西本町的店，這邊更有當地聚會場所的舊有氛圍。

大阪市中央區系屋町2-3-1-B1

06-6944-0034

17：00～0：00　週一、每月第2個週日公休

4

「果然還是選烏龍麵啊！」過於難波風情的南船場午餐時刻

《Meets Regional》雜誌的編輯部15年前就設在博勞町3丁目，當然這一帶已成為中午用餐以及下班後小酌的最愛。

這附近店家的大小事、店家特製午餐的厲害之處，都會馬上傳開。這一帶無論新舊店家，水準都很高，價格又實在，所以根本不會想在連鎖店用餐。如果是一般的商辦街，客群大多集中在正中午到下午1點左右，但這裡到了下午2點甚至3點，仍有許多店家因為從事商品批發及店面業者而十分熱鬧，這就是最有力的證據。這種用餐環境，最適合我們這種被追著截稿和校稿而用餐時間不定的人。

自從辦公室三年前由博勞町搬遷至肥後橋至今，每每離開心齋橋前往南船場的時候，只要時間允許，我多半會由長堀通往北，再由四橋筋或御堂筋往東，順路去吃點東西。

以豆皮烏龍麵發跡的「松葉家本鋪」（現在的「宇佐美亭松葉屋」（うさみ亭マツバヤ））（P.115），創業於明治26年（1893年），距離編輯部走路約一百步。白天是大碗雜炊烏龍麵、晚上就是天丼配啤酒，持續著這樣1天去2次的生活；比起米其林星級的義、法餐廳，附近能有這樣的餐廳，更能提高日常生活狀態。前老闆宇佐美辰一先生雖然已經80歲了，但依舊健朗，午餐時刻一定會坐在收銀機前，用很標準的大阪腔說著「感謝你的光臨」。

這家店也是豆皮烏龍麵發源地，曾吸引全國各地觀光客前來朝聖，但午餐和晚餐時間大多為常客。看著隔壁津津有味吃著細麵中加入炸豬肉的「松葉烏龍麵」、或是各位前輩吃著日式燴麵「難波炒烏龍」的樣子，讓我很驚訝竟然會有這樣的菜單。

當然不管再怎麼好吃，每天吃豆皮烏龍麵和雜炊烏龍麵還是會膩的。第二代當家辰一先生經常說：「即便擁有１００分的技術，但如果不能端出85分的味道，也不會有客人上門」。身為日本職人代表的他，指的便是菜色的多變吧。

除了吃過店裡附贈的佃煮昆布或者漬物，還點過丼飯和咖哩烏龍麵；而咖哩烏龍麵則有放了雞肉和炸豆皮、洋蔥、菇類的「咖哩烏龍麵」和「肉咖哩烏龍麵」這2種，可按當日喜好選擇。咖哩烏龍麵是我小時候的最愛之一，在這可以吃到各式種類的咖哩烏龍麵，我認為只有這家店和JR蘆屋站旁的「多古好」，才是最原始的大阪美食。

當然其他地方也能吃到烏龍麵，若是要吃咖哩烏龍麵，位在心齋橋，上方有拱廊的「味方」也是不錯的選擇；店裡使用讚岐麵條、有嚼勁的「Q彈滑順烏龍麵」（もちもちうどん）。但因為這家店的炸蝦飯糰（在飯上放隻蝦，再用海苔包起來）太好吃了，所以我總是吃普通的烏龍麵搭配炸蝦飯糰定食套餐。味方一樓最內側的廚房旁邊寫著「二樓１５０席」，讓人覺得是很厲害的大型店家（雖然不知道為什麼標示有「總店」跟「正宗」），同時也是間有著多樣化烏龍麵和蕎麥麵定食類的食堂。

雖然我常和採訪美食的編輯和寫手提到：「就是這樣的地方，可以讓人連續一個月吃不一樣的烏龍麵定食」。但因為每天身體狀況和心情都不同，每天吃烏龍麵也還是會膩的。不對，應該是問在南船場是不是吃麵就可以了？即便烏龍麵的美味也消散了，但松葉屋或味方的麵丼食堂空間，及員工散發的獨特氛圍，在北新地和南區繁華街是感受不到的，十分符合「中餐果然還是選烏龍麵啊」這句話。

說到這個，這附近備受關注的頂極午餐「船場牛鍋專賣店　船場虎島」（P．114）的「船場牛鍋」，也有加入烏龍麵。這間店在2013年重新裝潢，也增加了座位數量；而白天只販售牛鍋和牛肉照燒便當，十分簡單。

昭和54年（1979年），涮涮鍋還很稀少，卻有家涮涮鍋專賣店開張了。更特別的是只在中午販售的「牛鍋」，吸引了附近居民，以及丼池筋、順慶町和博勞町的公

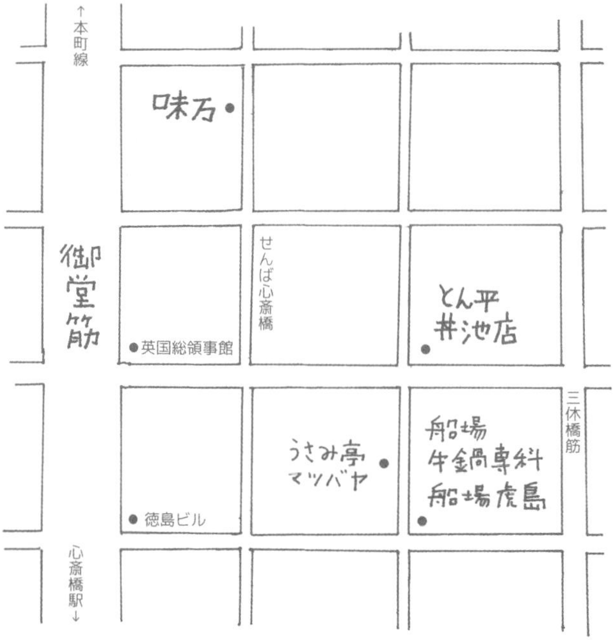

南船場

Minami Senba

司老闆與上班族成為常客。開店約半年後的一次因緣際會下，搬遷到了長堀橋，但因為常客不斷表示能否把牛鍋保留在午餐菜單，店家也就從善如流了。難波店家的風格就是重視和顧客交流的關係。

原來和壽喜燒風味的牛鍋完全不同，「引出肉和食材的美味之後，才可以算是完整的減法高湯」，其味道是無以倫比的。如果是從事美食雜誌等等編輯的東京客，為了吃到最美味的牛肋條，多會選擇大份超過2千圓的1人份「豪華午間套餐」鐵鍋料理；看他們讚嘆不已的模樣，彷彿是去了很厲害的店一樣。**（譯註：熬煮時剔除苦味等多餘味道，留下食材應有的精華美味，即為「減法料理」）**。

進入心齋橋的大丸和SOGO之間的那條路沒多久，也有一間名為「豚平」（とん平）的店。這裡的丼池店還是一如既往的有人氣。不管哪種定食都會加入名產可樂餅，讓我想起有次即便餓到受不了了，還是忍住在排隊的回憶，真是讓人懷念啊。

比起「從來沒吃過這麼好吃的東西」的美味等級，大阪美食的高水準反而是讓人覺得「理所當然每天都好吃」，也是我們當地居民應該推崇的在地氛圍。

南船場

船場虎島

船場牛鍋專賣店——回憶著美味高湯的牛肉鍋，是讓人心跳不已的午餐時刻。

外觀和內裝都改成了咖啡廳風格，但為了十足的分量，讓我在這天依舊選擇大碗的。充分吸收牛肋條精華的高湯讓人無法抗拒，用餐時苦惱著何時吃這顆蛋也是一大樂趣。

「船場虎島」位在南船場3丁目的批發街上，菜單只有附白飯和漬物的「船場牛鍋」（1600圓，本頁價格皆含稅）及牛肉照燒便當（1620圓），只在中午時段販售，是家很簡單的店。

這其中有一段故事。約35年前，老闆虎島秀一先生的父親，虎島慎一先生在那時很罕見的以個人店鋪名義，開了一家涮涮鍋店，同時為了更親近消費者，打出了「來試試一人火鍋如何」？的口號；完全顛覆了消費者聽到牛肉鍋就認定是吃壽喜燒的印象，而是以標準的大阪風味高湯熬煮的和風鍋物料理。高湯是以鰹魚、昆布和蝦米熬煮，但為了引出肉和食材的美味，會事先留下空白的「減法」高湯；既爽口又簡單，再也找不到和白飯如此相配的東西了。牛鍋和「宇佐美亭松葉屋」的「雜炊烏龍麵」並稱雙璧，是南船場的原創鍋物。

店家資訊

船場虎島

點菜後店家會用切肉機將牛肋條薄切至手掌大小。特別是大碗（2,00圓）因為有150克，所以口感滿分。其他食材有放在肉上的蛋、洋蔥、大蒜、蔥、切片牛蒡，以及烏龍乾麵。就連附在白飯上的梅醋蘿蔔乾味道也很棒。也有脂肪較少的Brisket（牛腩）牛鍋。

大阪市中央區南沿場3-1-12

06-6251-6320

11：30～14：30　週日公休

正在將炸豆皮放入熬煮的老闆芳宏先生。將豆皮每10片放1層，鍋中共放10層，並用第二次的高湯進行熬煮。調味則是使用昆布、砂糖、鹽等等，但不使用醬油。

南船場

宇佐美亭松葉屋

（うさみ亭マツバヤ）

每天都在這家店吃好料的。

本店開業於明治26年（1893年），以豆皮烏龍麵創始專賣店的名號遠近馳名。第三代的宇佐美芳宏先生完整保留了這份傳統的味道。

除了獨創的豆皮烏龍麵（580圓，以下價格皆含稅），還用義大利麵的知名原料杜蘭小麥粉製作細麵，再放入炸豬肉天婦羅的松葉烏龍

結帳大多由老闆娘佐美洋子小姐負責。布簾上的「要」字代表是第一代的要太郎先生，「辰」字代表上一代的辰一先生，「天味無限」則是簡寫前代的名句「天然味道無限制」。

麵（570圓）、八寶菜勾芡的難波炒烏龍（670圓）等等，搖身一變成為有許多原創料理的店家，而且每一道都很好吃。

雜炊烏龍麵（780圓）是店家推薦的用餐首選，內容是取半球自豪的手作烏龍麵、半碗白飯、烤星鰻、雞肉、香菇、炸豆皮、魚糕、紅薑、蔥花蛋等多種食材，裝入特製的方形南部鐵器；在冬天時一天可賣出超過百碗的人氣料理。因為能夠溫暖夏日因冷氣受寒的身體，所以我最近也常常前往用餐。

戰爭期間沒有食物可吃的時候，第二代老闆辰一先生因為想著把手頭上有的食材和白飯一起煮，先飽餐一頓再說，而有了將烏龍麵和白飯一起煮的雜炊烏龍麵。「可以再次加熱」的這種創意十分新潮，也很容易瞭解。這對於戰後負責振興船場的人來說，快速用餐的方式大受歡迎，也依客人要求加入了星鰻、雞肉、魚糕，彷彿在述說南船場這片土地的實際生活歷史。

這家店對於「味道」的追求都很高。如果有興趣的話，可以參考前代老闆的聽寫語錄《豆皮烏龍麵口傳》（暫譯，きつねうどん口伝）（ちくま文庫）。牛肉烏龍麵（650圓）、木葉丼（720圓）也都很美味又便宜，店家氛圍正是「職人氣息」和「家族經營」的綜合。

我特意在某個冬天的下午1點後前往，結果只剩最裡面的座位還空著，客人幾乎都是點雜炊烏龍麵。我也暗自竊笑原來大家都是相同的想法啊。

店家資訊

宇佐美亭松葉屋

咖哩烏龍麵（620圓）吃到一半的時候，咖哩會因為唾液而變得水水的，這時候可以加入七味粉，再一口氣把高湯喝完，這是我在無意之中發現的吃法。肉咖哩烏龍麵（750圓）則有2種變化，搭配理想的價格，讓人無時無刻都想吃。高湯的昆布是利尻 ，柴魚片是每天早上挑選的正統鰹魚、煙燻宗太鰹、鯖魚。

大阪市中央區南沿場3-8-1
06-6251-3339
11：00～19：00（週五、六～19：30）
週日、國定假日公休

這份親子丼（720圓）讓我再次確定了好吃的烏龍麵店，丼飯一定也很美味。完美融合了高湯的風味、雞蛋的柔軟以及雞肉的口感。

大阪美味

實況轉播

美味特輯

【燒肉】鶴橋

利用放在吧台的烤爐上，邊烤邊吃內臟，是讓人無法停止的美味。

【河豚什錦火鍋】黑門市場

不是河豚鍋的「河豚什錦火鍋」、享受完市場活力之後再去吧！

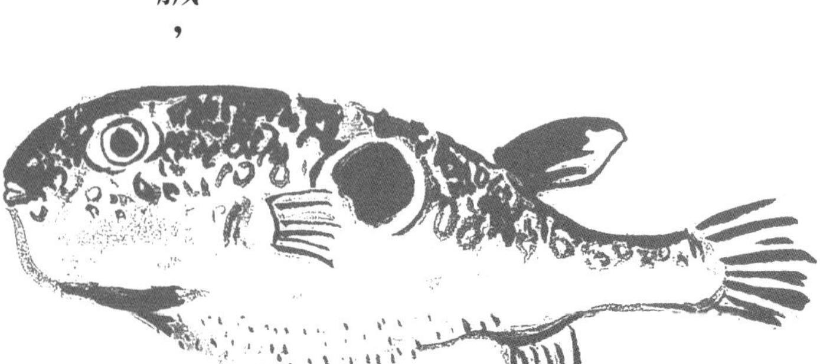

【串炸】新世界

「醬汁不可沾第二次」的規則源自大阪人的智慧。

【烏龍麵火鍋】船場

可以讓互不相識的兩人關係變好，源自大阪的火鍋就是烏龍麵火鍋。

【好吃燒】布施

如果吃過當地的美味好吃燒，就知道形容這類食物是「粉物」很可笑了。

「如果來大阪，……」走在道頓堀，體會主題公園無法感受的喧囂，並在世界建築前20大的梅田藍天大廈頂樓眺望風景，接著周遊襯托日劇《真田丸》結局的大阪城……雖有許多人是這樣旅行，但應該有更多人是抱持著去大阪一定要吃到什麼美食的想法吧。

因為能夠造訪都是難得的機會，所以比起那些以觀光客為導向的地方，希望讀者能多去一些當地人喜歡去的地方。譬如說像這樣的店：

①

【燒肉】

空 鶴橋總本店

（空 鶴橋総本店）

去鶴橋「就是要吃燒肉」

鶴橋是有著3條鐵路交錯的大型轉運站，但是卻沒有購物中心或是百貨進駐轉運大樓。出了車站後，映入眼簾的是雜亂的商店街和市場。要去吃燒肉前請務必先來這附近逛逛。

此處可以看到商家林立，行人和自行車忙碌地穿梭在狹小巷弄中；耳朵可以聽到大阪腔，不時還可以聽到韓國話，

上圖／走出JR和近鐵重疊的剪票口後，映入眼簾的就是這副景色。寫著「甲魚、瑪卡」活力藥劑的看板。這樣的站前景色還真是罕見啊。下圖／知名的「豐田商店」（豊田商店）是專賣泡菜的商店。

店家資訊

空　鶴橋總本店

開店前就有人在排隊，一開店不久就已經坐滿了。在這裡用餐就如同招牌所寫：「分量和價格都減半！所以可以吃更多樣的東西」，像「喉結」（うちわ）、「下顎肉」（ハギシ）等等罕見部位，都可接連點菜。這家店的內臟燒肉真的是堪稱一絕。

📍 大阪市中央區下味原町1-10
☎ 06-6773-1300
🕒 17：00～23：00（週六、週日、國定假日16：00～）週五公休（遇國定假日則隔日休）
※見地圖P192

整體氛圍讓人眼花撩亂。

高架橋下的商店街如同迷宮般錯綜複雜，販售著泡菜、韓式煎餅、海苔卷、醬油蟹等等，大概全是韓國食物，而專賣韓服的時裝店也讓人目不暇給。

在關西地區的旅日韓國人會來高麗市場購物，最常光顧的就是泡菜店。每家店泡菜的味道和特色都不一樣，他們會依自己的喜好選擇，像是味道很重、口感很濃、看起來很美味之類的。

這也是鶴橋的魅力所在，會順勢燃起心中「那麼就去吃燒肉吧！今天要吃超多的烤內臟」！的念頭。

「份量是其他店家的一半，反而可以有多種選擇」

這家店對面及向右緊鄰三間的分散型店鋪，全部都是「空」，也就是5間都是同一家內臟燒肉店。首先在昭和56年（1981年）開業時時，3．5坪的店內僅僅只有10席吧台席。3年後，在對面再開一間、之後在那隔壁又再開一間……就這樣持續展店，而成為如今的5間店鋪。並不是在其他區域開分店，而是以同心圓方式展店。果然鶴橋燒肉的內臟王國磁場才是最強的。

左圖／韓式煎餅的人氣商店「豐山奈美惠的店」（豊山なみえの店），陳列著各式各樣的韓式煎餅。右圖／彷彿在說「吃我吃我」的醬油蟹。

吸引排隊人潮的亮藍色看板上方，有著好幾根換氣排風用的巨大管路。

初始店和開在對面的二店，都是吧台席。果然要在吧台吃烤內臟才比較對味，不知為什麼特別好吃、超好吃。因為原本是自己在吃的，現在多了2個人在旁，然後共用一個爐子相互夾菜，不是很熱鬧嗎？

菜單裡光是不同部位的烤物就有30種左右，我點了烤牛舌（500圓）、上等牛肚（500圓）、帶油花牛肚（500圓）、牛大腸（450圓）以及大量內臟，也加點了豆芽菜（韓式小菜，350圓）和泡菜（350圓），就算點了這麼多還是很便宜！順帶一提，高麗菜免費喔。

服務的大哥在我面前將肉

夾好幾次才把內臟都放到烤盤上。

加入苦椒醬拌成個人醬汁。

嘗試沒吃過的部位，也是一種樂趣。

和內臟放入調味醬中，現場為我調味，接著很豪邁地將調好味的肉片放到盤中，一片又一片的放到烤爐上。由於醬汁是清爽口味的，所以後來我也加入大量辣椒粉以增加口感。

吃得好喝得飽。店外擺放著一個又一個啤酒桶、啤酒籃，十分壯觀。

牛大腸甘甜油脂的香氣讓人受不了，真想多叫碗白飯來配。

大阪美味

實況轉播

②

【河豚什錦鍋】

浜藤

如果沒吃河豚就離開黑門，是讓人不可置信的行為。

許多料亭和割烹大廚等等的老行家，會前往黑門市場採買，這裡就是代表大阪高級食材的市場。河豚、螃蟹、鮑魚或海螺、鮪魚、海鰻等等高級魚貝類專門店，不僅十分醒目，尋求這些魚貝類的外國觀光客也讓此地顯得更熱鬧。在專營鮪魚批發的店內尋找鮪魚壽司的中國美食家身影，讓人

不管是1人、2人或4人都可以享用。無疑是屬於街場的「河豚什錦鍋」店。

小菜的魚凍（右）和汆燙的魚肉都很讓人期待。

店家資訊

浜藤

店頭擺放著約10隻左右完美形狀的虎河豚，上面各自都放著寫有「含精巢¥22,000」、「野生¥40,000」的紙張。看見這麼倒性的一幕，不禁會讓人覺得果然吃河豚還是非黑門不可啊。1樓的餐桌席從白天開始，就可見到包含外國觀光客在內的廣大客層用餐。而2樓的大廳可以宴客。入口處有個附有號碼牌的鞋箱，十分有昭和的氣氛。這無可置疑是間大阪傳統的河豚什錦鍋店。

大阪市中央區日本橋1-21-8

06-6644-4832

11：00～20：45（最後點餐）

週一公休（冬季無公休）

※見地圖P141

嗅到一些集客式行銷的味道。這樣的開放立場正是大阪市場的優點之一。

黑門市場河豚專賣店當中最有名的是「浜藤」，你可以選擇外帶，或是在一樓餐桌席和吧台席、二樓的日式房間食用「河豚什錦鍋套餐」。

最便宜的「浜」套餐雖然要價5500圓，但因為可以吃到半份和萬圓以上同高級套餐等級的虎河豚，所以從白天就不時可見在吧台享用「一人河豚什錦鍋」的客人。

小菜的魚凍、汆燙的魚肉及河豚生魚片的色澤真的很棒。向主廚詢問後才知道這家店會將食材靜置一天以上，同時也邊拿一塊法蘭絨布給我看，就是用這種布包覆，再放進冰箱讓食材熟成。

上圖／完美的河豚生魚片讓人情緒高漲。下圖／炸河豚肉。河豚什錦鍋也是這樣，將魚肉切成容易食用的形狀，是這家店才有的。

以炸河豚肉以及主菜河豚什錦鍋來說，同屬黑門的「太政」則把魚片切得非常大塊，似乎可以用手拿住後一口咬下的感覺；但浜藤則像是將魚肉從魚骨上挑出般，切成容易食用的大小。

如果在身為大本營的大阪做到這種級數的河豚什錦鍋店的話，就不一定要宣揚是否使用野生河豚，就算採用人工養殖河豚也可以。而河豚生魚片和什錦鍋的切法、柚子醋的味道等變化就依個人喜好。

酒的話當然是搭配魚翅酒（1000圓）。風乾後進行烘烤的河豚魚翅肉，

上圖／魚雜碎上菜之後，也差不多輪到河豚什錦鍋上菜了。讓人感覺年代久遠的火爐和厚重鋁鍋十分典雅。下圖／因為是烘烤得宜的魚翅，所以再來一杯魚翅酒也ok。

上圖／將滑嫩的魚肉沾點柚子醋再食用。下圖／已融入河豚精華的美味雜炊，配上蔥和海苔後飽餐一頓。

放入魚雜碎和豆腐要先稍候片刻，還不要放蔬菜。

注入加熱後飄散美味芳香的酒。順帶一提，在岸和田及我附近的南區，會把魚翅酒（ヒレ酒）唸為「ひれしゅ」而非「ひれざけ」。曾一度引起怎麼唸比較好的議論，但打電話向岸和田祭典相關伙伴的河豚什錦鍋奉行（**譯註：奉行是日本存在於平安時代至江戶時代期間的一種官職。**）詢問時，對方回答：「當然是唸『ひれしゅ』。你會把『倒酒』（注ぎ酒）（SOSOGISZAKE）唸做『つぎざけ』（TSUGIZAKE）嗎」？原來如此，的確是啊。（**譯註：為日文中音讀和訓讀的差異，像是中文的破音字**）

③【串炸】

不倒翁通天閣店（だるま通天閣店）

「禁止二次沾醬」的發源地、前往新世界。

新世界有很多餐飲店，包括串炸、烏龍麵、好吃燒……等等，這是一條聚集了許多便宜又好吃的難波庶民美食街。

但無論如何，最多的還是串炸店。只要一踏入鏘鏘橫丁往新世界方向，就可以看到每三間就有兩間是串炸。從店外就可以看到每家店串炸的麵皮、炸法、風格和醬料等等不

穿過通天閣下方即可看見「通天閣店」。一大早就有人在排隊。

即便是第一次來，也可以方便進出的吧台。因為是當面現炸，所以讓人十分期待。

店家資訊

大阪新世界　串炸料理始祖
——不倒翁通天閣店

第一家不倒翁店內只有吧台席12席，到了假日，每間分店都在開店前即大排長龍，但只有通天閣旁的這家店是最寬敞的。不倒翁和製粉大廠簽下祕密配方契約，並購入小麥粉自製麵包粉，甚至連醬汁都是在自家工廠生產的。上山會長說：「餐點最基本部分不能有任何變化。」所以大阪每間分店的食材都相同，只有不同氣氛的差別。

大阪市浪速區惠美須東1-6-8
06-6643-1373
11：00～20：40（最後點餐）
1月1日公休（12月31日當天～19：00）
※見地圖P192

同；可以享受邊走邊吃，邊決定「今天就這家」，或是「下次要去那家」的樂趣。

我最喜歡的店是「不倒翁」。於昭和4年（1929年）創業的不倒翁，在這地區就有4家。因地點關係而讓我覺得很興奮的，是通天閣高塔下的「通天閣店」。

在我面前的容器內，咚地一聲放入剛炸好的串炸。

不倒翁串炸的麵皮非常細緻、酥脆，十分好吃。醬汁也很清爽不油膩，似乎不管來多少串都能吃完。最重要的是店內的活力，讓串炸美味更上一層樓。

這裡明文規定「禁止二次沾醬」，是為了讓互不認識的客人能好好地吃東西，以及避免沾太多或剩太多。這是理所當然的大阪精神。

現炸的串炸幾乎每串都是105圓，就算吃10串也才千圓左右。吃法首先是把串炸噗通一聲放入醬汁（大多是放在容器內）中，再取出放在盤子上。一口咬下後，邊吃邊取出竹籤，再搭配啤酒。

若有想吃的東西就接二連三的點菜。可以手抓免費的高麗菜，沾上醬汁食用。當然也要大口搭配啤酒。

像這樣限沾一次的串炸，即使醬汁沾得不夠也不用擔心，可以用高麗菜撈起醬汁淋上。就連這天推薦的沙鮻也是這樣食用。

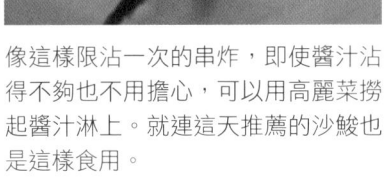

熟悉的不倒翁會長大公仔，也有做成吊飾販售。

前往21世紀的「串炸聖地」

這家店在2001年重生後，馬上聲名大噪，同時將新世界的串炸登錄到大阪名產，這份功勞無疑是值得感謝的。契機是老夫妻店主膝下無子可繼承，就在面臨關店時，當地出身的演員赤井英和先生認為這樣萬萬不可行，於是就由浪速高中拳擊部出身的後輩繼承了。

2001年11月，就這樣利用祕傳的麵衣和醬汁，及其他既有食譜，重新翻新3坪共12席大的店鋪，以「新世界最古老也最新的名產」為口號登上媒體，效果十分卓越。以物美價廉作為「深入大阪的B級美食」和「禁止二次沾醬」的獨特性，就連年輕一輩和女性族群都知道。

隔年則在新世界門前通的鏘鏘橫丁內的串燒店關店時，立即卡位補上。2004年展店南道頓堀、2005年時則是第一次離開新世界，並開在法善寺附近，2010年則是在有著「東銀座」之稱的高級紅燈區北新地展店，讓人驚呼「新世界的串炸竟然來到新地」。而今在新世界有4家、包含JR新幹線新大阪站的北區共5家、南區有4家店。不管哪邊都因當地客、外國觀光客造訪而呈現盛況空前的狀態。

除了因舊識拜託希望能吸引東京及其他地方的人享用這般大阪名產，而開設了姬路店，其他分店全都在大阪。因為店家覺得「如果要賺錢的話可以去東京，但如果要去東京的話不如去海外」，因此在曼谷、首爾、台灣展店。真是十足有大阪人的豪邁啊。

還有一點和豪邁不同，比較像是「下町人情」也說不定，那就是在新世界的4家店仍保留串炸最初1根105

圓的傳統，其他分店則是售價120圓。雖然也因為新世界是「發源地」及「物價便宜」，但這樣子的連鎖店實在不常見。

換句話說就是懷舊風，說難聽點就是在夕陽西下的下町繁華街新世界，因為不倒翁開始增加人氣，還有一區角落是對面相鄰的3間全是串炸店。不倒翁進入21世紀後，70年的歷史上還加上了這麼一筆，就是花費10年時間，將新世界變成「會為了吃串炸而特地造訪的地區」。

不倒翁全部員工都是串炸的職人。雖然被認為是前後輩關係十分嚴苛的體育會系，但上山先生十分肯定地說：「有點不同。找到一個人的優點後，就算是誇張也要多多稱讚他」。

大阪美味

實況轉播

④【烏龍麵火鍋】

美美卯本店（美々卯本店）

於船場正中央誕生的大阪偉大鍋物。

「烏龍麵火鍋」是登錄商標。將魚貝、雞肉、季節時蔬，搭配大阪美食關鍵的高湯，一併食用；高湯會因為這些食材變得更美味，食材還可以和烏龍麵一併食用。在昭和3年（1928年）由老闆薩摩平太郎、老闆娘菊完成的烏龍麵火鍋，要說是最有大阪風味的美食也不為過。

「美美卯」在船場地區有大阪瓦斯大樓西北內的本店別館、北御堂西內的本町店，但可以稱之為總部的本店，則位在御靈神社內。

先將直徑約40公分的不銹鋼專用鍋置於電磁爐上，再倒滿最自豪的高湯，煮沸後先加入烏龍麵。您可能會覺得很突然，但製作烏龍麵時有經過計

早上花了2小時，用高知的宗田鰹和北海道的利尻昆布萃取而成的高湯。再加入每天早上削的柴魚片增加香氣。

店家資訊

美美卯本店

食用「壽喜燒」和「螃蟹壽喜燒」等料理時，往往會變成肉片爭奪戰，或是因過於熱衷於吃肉而使得聚會安靜無聲。但烏龍麵火鍋卻可以讓第一次見面的人也能很親近地談話，這點非常理想。是打破只有親近的人才能一起吃火鍋的鐵則，甚至口袋不深也可以品嚐的偉大大阪料理。

大阪市中央區平野町4-6-18

☎ 06-6231-5770

11：30～20：30（最後點餐）

週日、國定假日公休

※見地圖P93

放入烏龍麵後，服務生會幫忙加入食材。

以烏龍麵火鍋聞名的美美卯，原本是蕎麥麵店。本店左側還有蕎麥麵的展示窗。

方盒內的斑節蝦有如壓軸般登場。

蝦子不一會兒就變成這個顏色。

算，煮再久也不會失去彈性。服務生小心翼翼地將文蛤、雞肉、豆皮、星鰻……等放入鍋中，剛好放入一半的食材。當客人以文蛤或香菇、星鰻、豆皮的順序開始食用時，會依據人數端出放有活跳跳斑節蝦的彩繪盒子。

為防止蝦子跳出，所以夾住頭部下方，由腹部淋上高湯，不一會兒就可以美味上桌了。炸豆腐丸子、蘿蔔也差不多可以吃了，螃蟹則是用涮涮鍋的方式食用，真是既愉快又美味。突然心血來潮想試試利用河內鴨及雞肉丸串，搭配蔥和山芹菜，來個烏龍麵火鍋的

螃蟹只需涮一下即可。

比鴨肉鍋更有奢華感。

吸取滿滿食材美味的烏龍麵，味道會超乎你的想像。

鴨蔥版本。

接下來是烏龍麵。當煮出各式食材的精華後，再放上蔥、蘿蔔泥、薑的調味，然後邊喝高湯邊吃烏龍麵。如果是點套餐的話，烏龍麵可以無限加點，但實際上原本附的量就很飽了。

烏龍麵火鍋也受到谷崎潤一郎和藤田嗣治等等文人的喜愛。這家店的好處是從以前開始就深受廣大客群喜愛，像是當地船場的贊助者、大型企業員工、普通上班族、OL聚會、鄉里會議的宴會等等。2樓可以舉行各式大小宴會，所以可以特意組團來大阪吃烏龍麵火鍋也不錯。一人份含螃蟹等季節食材，共計4500圓。

不論是湯碗還是牙籤盒，設計上都刻意加入兔子，真是富巧思。

⑤

【好吃燒】

布施風月

超好吃的高麗菜！在東大阪以名門「風月」為起點。

東大阪的中心地——布施。近鐵大阪線和奈良線分岐點的近鐵布施站高架下（奈良線），有著名為「Poppo Avenue」（ポッポアベニュー）的商店街，並不斷延伸至下一站河內永和站。

商店街內有居酒屋或烏龍麵店、咖啡館等等餐飲店，時裝店內還有裁縫師，雜貨店、美髮店、藥局等應有盡有。而「布施風月」就在Poppo Avenue一號館。

這個「風月」系列的好吃燒店，是在昭和25年（1950年）於大阪北區天滿開店。之後創始者的兄弟分別在生野區的鶴橋、東大阪市的布施、旭區的千林開店。其中布施的分流成立於昭和37

Poppo Avenue也是前往留彌神社的參拜道路。

店家資訊

布施風月

由東大阪市工商會議所舉辦的「好吃燒街道」大賽中，這家店和近大前的「寺前」（てらまえ）（P210）同為好吃燒代表店家。位處近鐵奈良線布施站往河內永和方向的高架橋下，這處商店街的位置也非常適合美味的好吃燒店。

東大阪市長堂3-1-1-21
☎ 06-7172-0486
11：30～15：00、17：00～21：00（最後點餐）
週二公休（國定假日則是隔日公休）
※見地圖P192

年（1962年），之後老闆辻昇先生就和妻子持續守護著「辻家風月」好吃燒。

朝飲食商業化前進的「風月」系列，轉變為特許經營制，同時也不斷向東京及海外展店，但只有這間布施風月仍維持開業當初的家族經營模式。

大阪當地的美食家和粉絲，只要提到好吃燒店家，都會異口同聲地說好吃的店家是「只有當地才有的老店」及「老夫妻經營的店」。雖然好吃燒是平民美食，卻非常深奧，彷彿是一種無法被食譜框住的美食。

雖是老話常談，但好吃燒最重要的就是高麗菜。這家店的好吃燒展現風月流，會盡可能多放高麗菜而少放麵糊。喜歡大阪好吃燒的老前輩說：「改變大阪好吃燒走向的，就是風月了」。高麗菜使用水分含量較少、被稱做「寒玉」的品種，但寒玉的產量常受到季節和產地的氣候影響。

這家店雖堅持使用非當季的冷藏寒玉，但每天早上都會預估當天用量，再準備當天需要的分量。或許是感受到鬆軟的好吃燒之中還有高麗菜的爽脆口感，所以也有人將這家店的好吃燒稱做熱沙拉。若要以「麵粉料理」形容風月的好吃燒，也許只對了一半。

還有另一項特徵，這是老闆辻先生所說的「鐵則」，就是好吃燒「要在客人眼前的鐵板上料理」。同時針對這點也

右圖／在金屬容器內放入食材並拿過去，就準備完成了。左圖／用完美的手勢邊攪拌邊放上鐵板。

毫不留情地說「用廚房的鐵板做好後再拿出來，是店家技術不足的藉口」。這家店會先將鐵板加熱至260至280度再進行料理，就算停止加溫，餘溫也足以保溫，結果一樣好吃。同時也形容一旦將好吃燒拿起來並放到其他地方，溫度下降會讓好吃燒失去風味。

完完全全敗給了高麗菜的份量。

烤好之前絕對不碰

就來實況轉播一下這家店的名菜——風月玉（1080圓）。首先加熱客席的鐵板，待鐵板變熱後再淋上油，看那手勢真是完美。用單手大大地將好吃燒的麵團、高麗菜、牛肉、豬肉、烏賊、蝦等食材，全部放入碗狀金屬容器內並走向客席，再將這些食材攪拌均勻。一邊攪拌一邊放到鐵板上，料理過程大概是這種感覺。

上面照片中再烘烤6分鐘後，翻面的樣子，之後再等6分鐘就完成了。

光看外觀就可知道幾乎都是高麗菜，麵糊非常少。花鰹則是從上方灑上。花鰹在麵糊很少的好吃燒當中，也扮演著麵糊的任務。從側面可以看出好吃燒的厚實感、高麗菜和麵團、食材的情況。大約烘烤6

不管是醬汁還是美乃滋，使用有3個擠出孔的專用容器（而非刷毛），然後淋滿整個表面。

分鐘左右，背面微焦就可以翻面。如果是外行人的話就翻不過來。翻面後就會呈現如右頁中間照片般的顏色。正面也是烘烤約6分鐘。

職人的技巧是直到烤好為止，絕對不用鏟子去碰觸或確認。烤好後就淋上醬汁和美乃滋。不把兩種醬料混在一起，是做出美味好吃燒的要素之一。店家會事先詢問醬汁要辛口還甜口的，再灑上調味料就是完美的好吃燒。

老闆辻昇先生和妻子。

完美的風月玉成品。

南區

鰻谷・心齋橋・道頓堀・難波・千日前・黑門市場

即使是第一次來，也能像常客一樣利用這個「愛好美食」的都市。在這條華麗的街道上吃美食，已經成了全世界旅人想去大阪的理由了。

南區

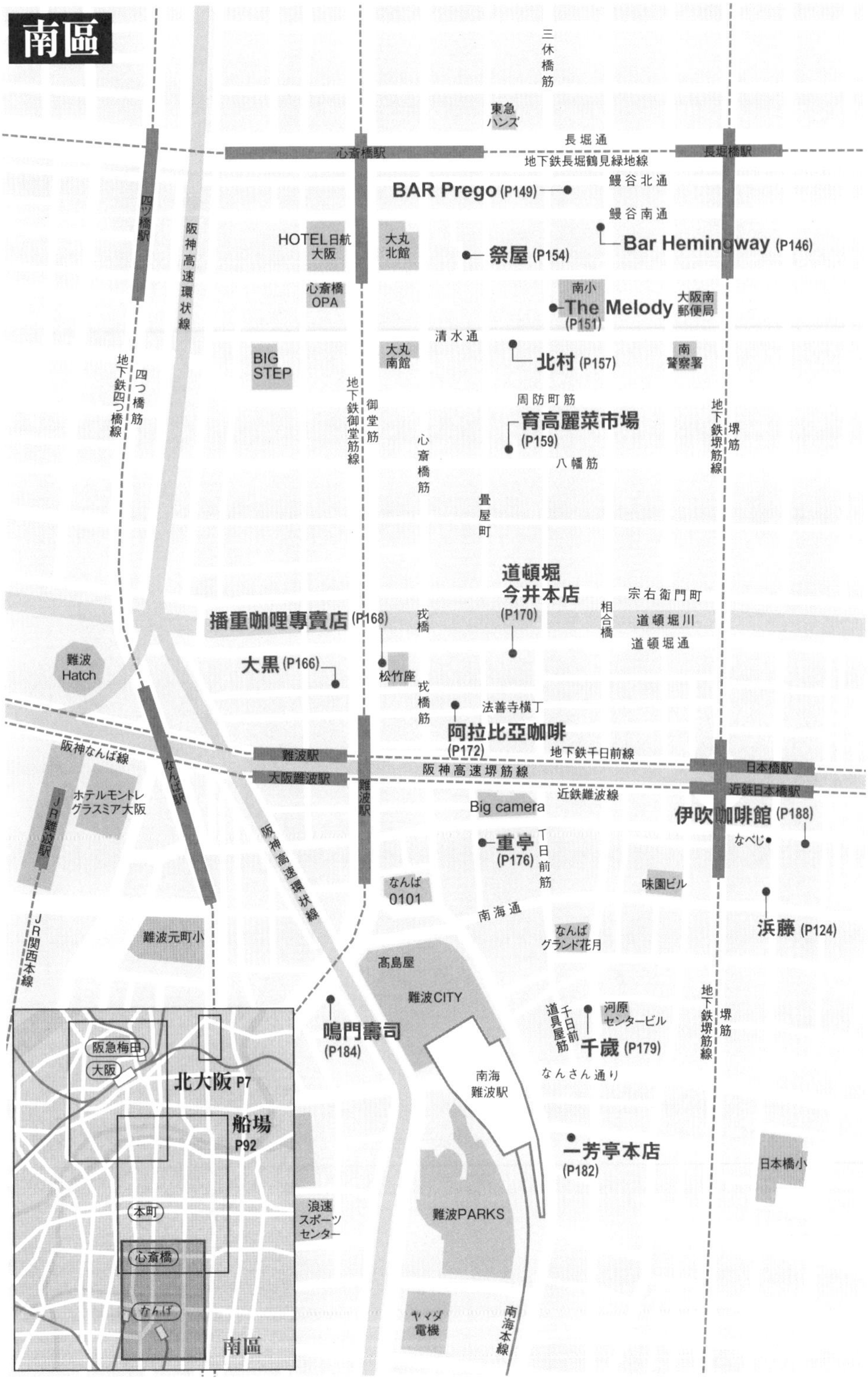

三休橋筋
東急ハンズ
長堀通
心斎橋駅
長堀橋駅
地下鉄長堀鶴見緑地線
四ツ橋駅
阪神高速環状線
鰻谷北通
BAR Prego (P149)
鰻谷南通
Bar Hemingway (P146)
HOTEL日航大阪
大丸北館
祭屋 (P154)
心斎橋OPA
南小
The Melody (P151)
大阪南郵便局
清水通
BIG STEP
大丸南館
北村 (P157)
南警察署
地下鉄四つ橋線
四つ橋筋
地下鉄御堂筋線
御堂筋
周防町筋
育高麗菜市場 (P159)
地下鉄堺筋線
堺筋
心斎橋筋
八幡筋
畳屋町
道頓堀今井本店 (P170)
宗右衛門町
相合橋
道頓堀川
播重咖哩專賣店 (P168)
戎橋
道頓堀通
難波Hatch
大黒 (P166)
松竹座
戎橋筋
法善寺横丁
阿拉比亞咖啡 (P172)
地下鉄千日前線
阪神なんば線
難波駅
大阪難波駅
阪神高速堺筋線
日本橋駅
近鉄日本橋駅
ホテルモントレグラスミア大阪
JR難波駅
なんば駅
難波駅
近鉄難波線
Big camera
伊吹咖啡館 (P188)
なべじ
重亭 (P176)
千日前筋
阪神高速環状線
なんば0101
味園ビル
南海通
浜藤 (P124)
JR関西本線
難波元町小
なんばグランド花月
高島屋
難波CITY
鳴門壽司 (P184)
道具屋筋
千日前
河原センタービル
千歳 (P179)
地下鉄堺筋線
堺筋
なんさん通り
南海難波駅
阪急梅田
大阪
北大阪 P7
船場 P92
一芳亭本店 (P182)
日本橋小
本町
浪速スポーツセンター
難波PARKS
心斎橋
なんば
南區
ヤマダ電機
南海本線

在鰻谷見面吧——過去街道的香氣和此刻。

同樣都屬南區，在南部的難波千日前附近和最北邊附近的鰻谷，街道感覺就完全不同。

太閤秀吉建造大阪城時，就劃分區塊決定了大阪每個鄉鎮的性格。朝大阪灣方向俯視的大阪城以西，每個東西通道區分了特徵，例如道修町就是批發藥店。

南區由位於北邊的長堀通開始，若依序來看東西的舊鄉鎮名，分別是鰻谷、大寶寺町、清水町、周防町、八審町、三寺町、宗右衛門町，最後才是道頓堀。位於最北方心齋橋區域的鰻谷到周防町，與以南的道頓

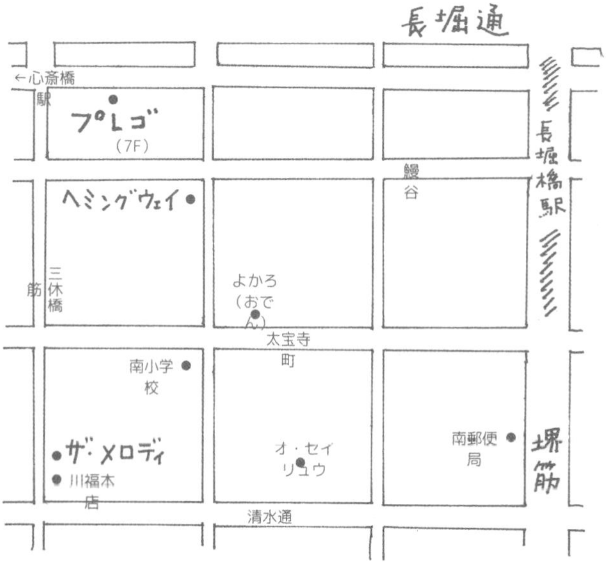

堀至難波區域，不論是餐飲店的業態還是氣氛都完全不一樣。

道頓堀一帶作為劇場及織田作之助《夫婦善哉》的舞台，聚集了許多美食店；若戰前的鰻谷與之相比，是個怎樣的城鎮呢？

如果閱讀明治25年（1892年）出生、前朝日新聞記者篠崎昌美先生所著《續・浪華夜語——大阪文化的足跡》（暫譯，続・浪華夜ばなし——大阪文化の足あと）（昭和30年・朝日新聞社）這本舊書的話，就可以想像「演員所住的成排漂亮房屋」，以及那高雅又瀟灑的城鎮樣貌。

在那之後，城鎮因大東亞戰爭而燒毀，和南區以外的地區相同，街道完全變了個樣。但隨著時間經過到了80年代中期，時尚雜誌和情報雜誌開始宣傳起「鰻谷」這個特別的地名。御堂筋西側因年輕人的T恤、牛仔褲與球鞋等風潮而繁榮，有個從70年代中期就開始營業的「美國村」，相較於此，東側周防町一帶則被稱為「歐洲村」，同時也因「下一個成人街」而受到矚目。

而北端就是在泡沫經濟時期突然很受歡迎的鰻谷。像是會有世界級時尚品牌的時裝店、在各大媒體都很活躍的髮型設計美髮店等等，入駐某建築家利用清水模工法打造而成的大樓，或是空間設計師打造的概念商辦大樓等消息，大樓內也混雜著服飾企業帶來最前衛的酒吧和餐廳等等風格，儼然是最快速最時尚的街道。黑川紀章設計的SONY TOWER則聳立在心齋橋筋側的入口。

在平成元年（1989年）合併的東區和南區，鰻谷中之町、大寶寺町、東清水町雖整合成為中央區東心齋橋這種無趣的街名，但路邊時常停著法拉利和藍寶堅尼的鰻谷，其繁榮程度和北新地完全不同，可以說這個時代確立了鰻谷即為一種繁榮記號。說到平成元年年底，日經平均股價達到3萬8915圓，是有史以來最高記錄。鰻谷則成為大阪南區泡沫經濟頂點的象徵。

80年代後半至90年代的鰻谷，正好也是我因工作而開始撰寫編集街道和店家大小事的時候，在這地區有許多充滿回憶的店家，譬如像Synside大樓（建物名）內的「BAR MARBLE」（バー・マーブル），西餐廳裡設有點餐後須先付款的酒吧、或是調酒師高村光有先生所在的大寶寺町「GALLERY SIDE BAR」（ギャラリーサイド・バー）等等。

不同於那些全面推廣流行的時尚餐飲店，這些店既是「個人店鋪」，也帶來了這個時代的黎明期。唯一留下來的雖是像森本徹先生的「The Melody」（ザ・メロディ）（P．151）（不對，這間「唱片行」從70年代就有了）、但也不是像東京青山至表參道那種特產直銷店，而且客人和店家都有著根深蒂固的大阪腔。

地價和股價狂亂的時代結束後，鰻谷再次急劇變化。ZARA入駐SONY TOWER改建的新大樓，而安藤忠雄的OXY大樓和若林廣幸的鰻谷兒童博物館也消失了。現在已完全變為UNIQLO和便利商店的街道，當然也看不到路邊停車。

但剛好在這過渡時期，也就是2000年左右，「洋食 Katsui」和「Bar Hemingway」（バー・ヘミングウエイ）（P．146）、「BAR Prego」（バー・プレゴ）（P．149）等等鰻谷風的餐飲店，卻有如雨後春筍般接二連三的開店。

泡沫經濟最高峰時期的鰻谷，聚集了許多為了證明自己存在的外來語職業者（**譯註：**

職稱為片假名者，例如Camera man-攝影師、Designer-設計師、Model-模特兒等等）、以及為了討年輕女孩歡心而帶她出遊的大叔等等，雖然像這樣的場景好像不太真實，但接觸重新開發的梅田一帶和紅燈區後，發現有著整齊劃一的北新地沒有的街道感，是獨屬於鰻谷的氛圍。

會對如此生氣蓬勃的街道產生極大興趣，是因為這些鰻谷第二時代的「洋食 Katsui」、「Bar Hemingway」，而「The Melody」也於２０１０年左右，由過去有著清水模工法大樓的鰻谷中心地（心齋橋筋側）稍稍往東南搬遷店面。

雖有種種搬遷的理由，但在潮流改變了大阪的夜遊模式、服飾及所有一切之後，鰻谷獨有的街場氛圍和好的一面，早已成為足堪保留的人情風貌。

鰻谷

Bar Hemingway（バー・ヘミングウェイ）

招來好心情的酒客，有品酒師入駐的西班牙小酒館。

Bar Hemingway和洋食 Katsui都在同一棟時尚大樓內，但前者於2012年往東搬遷至現址，這間也是一樓店面。紅色遮雨棚搭配白色文字「BODEGUITA」是酒館標誌。老闆是西班牙的Vino de Xerez（雪莉酒）協會最早認證日本雪莉酒品酒師的松野直矢先生。使用長柄杓越過頭上，將雪莉酒倒入杯中的品酒師絕技實在精彩。

客人多為嗜酒客。與其說是酒吧，感覺更像居酒屋或是割烹，最棒的是可以喝到雪莉酒。

吧台上是最高級的伊比利豬生火腿。

Puerto Fino雙倍分量就像這樣。

從白天開始營業，也可以點咖啡的西班牙小酒館是間平易近人的店，但裡面的雪莉酒可能是全日本最高等級以及最齊全的。點菜時如果向松野先生説要簡單而清爽的料理，他一定會根據當時情況滿足您的需要。

這一天試喝了最有餘韻且爽口、類似白葡萄酒的Puerto Fino，雙份是1000圓（以下含稅）。如果點雪莉酒的話，店家會免費提供安達魯西亞、加泰隆尼亞、馬德里3種類型不同的傳統橄欖，全部都與酒十分搭配。

Jamón Ibérico de bellota Gran Reserva（最高級伊比利豬生火腿）1人份2400圓，其他還有醋漬沙丁魚、700圓）等等，以及從未吃過這麼美味的Tapas（西班牙小點心）。大部分食物都是千圓以下。

店內也有電視，我以為會播放西班牙的新聞頻道，結果是常客和老闆一起看相撲和棒球轉播。這是一間以吧台為主、進出自由的店。鰻谷的店家可以讓人悠閒地從白天待到傍晚，直至深夜為止。

松野先生的技巧真是精彩，有時會和客人邊聊天邊表演，完全不會緊張。

店家資訊

Bar Hemingway

美食家和行家帶人過去時，會推薦「可以看見正宗雪莉酒倒法（杓子）」、「可以吃到Jamón Ibérico de bellota」。社會過去20年來都以效率自居，Bar Hemingway不管是店內氣氛還是來客，都讓人十分放鬆，似乎才是小酒館應有的樣貌。濃縮咖啡350圓起、雪莉酒600圓起。

- 太阪市中央區東心齋橋1-13-1　伊藤大樓1F
- ☎ 06-6282-0205
- 15：00～24：00　不定時公休

BODEGUITA。這是西班牙風葡萄酒吧特有的標示，意思是裡面有葡萄酒。

鰻谷

BAR Prego

（バー・プレゴ）

不論男女老少，都是女調酒師的粉絲。

1997年於大寶寺町開店，2003年搬遷至鰻谷的一等地區，因為於鰻谷開業的時間較長，所以認定是鰻谷店家。這家店是女調酒師兼lounge媽媽桑、既時尚又是美人胚子的女老闆一人經營的。葡萄酒好喝、雞尾酒也調得很

週年紀念卡上也感覺得出老闆娘的幽默感。

下酒菜會配合酒端上桌，所以總是會再來一份。

因為剛點了一杯白葡萄酒，所以就端上了蕃茄吐司小點心。意外地十分搭配。

河野小姐自己經營的酒吧，顯著地咖啡廳氛圍很吸引人。

棒，也喜歡不斷端出的下酒菜。不斷飲下琴酒、帝王威士忌加水、肯巴利蘇打、啤酒等，之所以會這樣亂喝，是因為店內在北歐系餐椅上加入南法咖啡系的裝飾品，播放的音樂一下是巴西的lounge音樂、一下又是老鷹合唱團、再來是矢澤永吉。以薄張的無腳杯（也曾有一段時間稱做「鰻谷玻璃杯」）盛裝威士忌加水和啤酒。

以30多歲為分界，將這一帶念做和地政標示相同的「東心齋橋」比例雖大幅提高，但鰻谷還是鰻谷。順帶一提，在唸「うなぎだに（鰻谷，UNAGIDANI）」時，當地老一輩會把「う（U）」的發音提高、「ぎだに（GIDANI）」的發音一口氣下降；因為越來越少人這樣發音，所以感覺有點怪。

店家資訊

BAR Prego

鰻谷在泡沫經濟期的時候，是一條讓人不斷變換喝酒場所的街道。現在也是很多人會來這間店續攤，是間可以很放鬆的店。客層多為40歲以上，有4至5人的團客、情侶、夫婦。服務費1000圓（附下酒菜）、威士忌900圓起（皆含稅）。

大阪市中央區東心齋橋1-12-19　Building Bill 7F

06-6251-3089

17：00～0：00

週日、國定假日、第2個週一公休

東心齋橋

The Melody
（ザ・メロディ）

立足心齋橋已超過40年！讓人心情愉快的愛樂所。

既是唱片行老闆，也是酒吧老闆的森本先生，態度數十年如一日，待客方式讓人心情非常愉快。

50多歲客人若知道1976年於白水社大樓內開業的「Melody House」（メロディ・ハウス），想起「AOR」、「融合爵士」、「西岸音樂」等音樂時，依然會來和老闆森本徹先生見上一面。森本先生當年在20多歲和高中生的年輕人中，曾是備受景仰的南區前輩。

左圖／山姆·庫克、比莉·哈樂黛、美空雲雀、凱琳·懷特……還有讓人不知不覺將手伸向CD架的「老闆親筆POP」。右圖／聽現場表演也是一種享受，這天是JAZZ二重奏（b福重康二、g門間英）的首次亮相。

除了在雜誌《POPEYE》發表西岸音樂和AOR的唱片評論，也常常在神戶新聞上看到大阪音樂會的連載情報，同時也是FM上的常客。當店內因南區迪斯可的DJ和相關播放人員、咖啡廳及酒吧的員工而生意興隆的時候，竟然在82年以「The Melody」創業，然後搬遷至稍稍北邊的鰻谷。在那之後迄今約30年，則定居於大寶寺町和清水町之間的大樓內。

音源在這段期間由70年代的黑膠唱片，變為80年代的CD，店鋪也由個體的唱片行轉變為Tower Record和HMV等等大型商店，現在是由亞馬遜轉變為下載音樂，這種轉變速度著實讓人眼花撩亂。

這家店基本上是舊型態的CD唱片行，但即使是抵抗時代的潮流，也逐漸在改變並保留「堅持」，現在可以喝到夏威夷風味的咖啡和熱帶果汁、海島風味的啤酒和葡萄酒，甚至連現場表演和烏克麗麗課程等等都有。

現在看來像是鰻谷至心齋

橋格調的音樂聚會所，但已經是這家店由70年代開始，就一直存在於南區的特色之一。

店家資訊

The Melody

大約每個週末都會有場原聲系的表演、每個月有4次的烏克麗麗等課程。音樂酒吧有許多坐在吧台喝飲料的熟客，他們彷彿都是來見森本先生一面的。當你認為這樣正是鰻谷的理想酒吧時，其實這一區還有許多可以滿足各式心情的酒吧。啤酒500圓、夏威夷風味咖啡600圓。

大阪市中央區東心齋橋1-14-19　三河大樓2F
06-6252-6477
16：00～0：00（週日、國定假日～22：00）
不定時公休

點了瓶裝啤酒後，端出來的是SAPPORO拉格啤酒，沒想到意外地搭配平盆鍋的濃郁味道。

心齋橋

祭屋（まつりや）

下町生野孕育而生的「另一種燒肉」。

只要前往以韓國街聞名的大阪生野，就代表是要去吃燒肉、烤內臟。燒肉不是用我們熟知的火爐烘烤後沾調味料食用，而是用「平盆鍋」的鐵板燒方式料理。平盆鍋發源店也在南區，並吸引很多粉絲朝聖。

在附有邊框的四角鐵板上，將內臟、洋蔥、蔥沾著甜辣醬邊烤邊吃。原創店是位於生野的「萬才橋」（万才橋），目前由二男、三男共同經營。也許是「平盆鍋」這名字太醒目，這家店10幾年前在南區開店時，當地雜誌就依此為報導，成為廣為人知的燒肉、內臟料理了。

最具特色的鐵板，是祭屋的老闆中山由夫先生的父親，50多年前拜託附近工廠的焊接工製作。

右圖／先從「烤魚肝」開始。有許多人反應「魚肝在平盆鍋內烘烤是最好吃的」。稍微切得長一些的蔥也很棒。左圖／「祭典拼盤」和「健康拼盤」的綜合版。吃牛肚時的口感是另一種不同的韻味。

當時生野地區仍有許多家燒肉店，並成為「當地的驕傲」，但在這樣的激戰區當中，不論哪家燒肉店都無法成功模仿「平盆鍋」的味道，關鍵就是原創食材和醬汁的調味料及配方。

雖然醬料很簡單，只有醬油、砂糖、味噌、芝麻、芝麻油、辣椒粉，不知道父親怎麼會想到選中這些並不特別的東西。雖然老闆嘴上這麼說，但仍持續購買這些材料，並遵照配方製作。

平盆鍋和用網子烤的內臟燒肉吃法相同，雖然簡單，但稍微有點特殊。先從烤鰻魚肝開始，再來是主菜內臟、烏龍麵、再用白飯結尾。

就先從大多數會點的「烤鰻魚肝」開始。一開始只會在鐵板上放入醬料和色彩鮮豔的魚肝就端上桌，避免燒焦所以盡可能用小火烘烤。溫度上升後，魚肝周邊和表面會變白捲起，醬料也會變得濃稠，這時候就可以立刻一口咬下，讓人吃驚的是竟然沒有怪味或腥味，還會忍不住開心地說：「喔～真是好吃」。

吃完魚肝後暫時拿開鐵板，接下來是醬油基底的「祭典拼盤」（まつり盛）和味噌基底的「健康拼盤」（ヘルシー盛）登場。雖然是滿滿一盤，但基本上也得用小火烘烤，肉和內臟的美味油脂、會慢慢流到醬料內，等流到洋蔥的時候（這時最甘甜最美味）就可以開始食用了。雖然調味重了點但仍非常爽口，十分適合搭配啤酒和燒酒。

老闆中山先生兄弟倆。廚房由哥哥、接待由弟弟負責。離心齋橋很近，地處剛走進狹窄巷道的絕佳位置。

就算是由最美味的好吃燒店家端出「蛋燒烏龍麵」，也贏不了祭屋。

吃完後就可以選擇烏龍麵或白飯。這天我選擇烏龍麵，白色烏龍麵被醬料包圍，染成褐色後放入生雞蛋，攪拌後關火。會吸收一整盤的肉和內臟美味，成為超濃郁的味道，但鹹味、甜辣味真的是無懈可擊。

現在可以在道具屋筋達人用料理工具店內，找到平盆鍋的鐵板，除了大阪，京都和神戶也有許多店家競相推出，但果然開山始祖就是比別人多一手。

他處無法複製的燒肉和鍋料理，就是大阪生野孕育的昭和偉大發明。

店家資訊

祭屋

菜單基本是上牛肚、五花、橫隔膜的祭典拼盤（800圓）、以及牛大腸、第4牛肚、第3牛肚等等內臟系的健康拼盤（550圓）兩種。這裡也有里肌肉（950圓）、臉頰肉（650圓）和氣管（550圓）等等，以及中途追加最愛的紅肉和內臟。烤魚肝650圓、中杯生啤480圓、大瓶啤酒600圓。

大阪市中央區心齋橋筋1-3-12
田每Plaza Bill 1F

☎ 06-6251-3588

週一、週三至週六，18：00～24：00
週日，16：00～23：00，週二公休

東心齋橋

北村（北むら）

正統上方流、壽喜燒老店。

盡量邊烤邊調味的食用方式。光是看烘烤的方法、聞烘烤的香氣就已經覺得很美味了。也有販售南部特製鐵鍋。

店內不使用「佐料醬汁」而是直接「烤」肉，只用砂糖和醬油調味，這就是上方流壽喜燒，也可以說是創始店。聽說沾蛋汁的吃法也是從這家店開始的。創業於明治14年（1881年），比鹿鳴館時代還要早。下村和服店的傭人北村歌吉，於明治初期在大阪賣起了牛肉串燒，也成為這家店的起源。

服務生寸步不離、小心翼翼地幫我們烘烤。正統的壽喜燒烘烤順序是這樣的，首先將牛脂塗滿烤熱的鍋面，再將肉片一片片攤平烘烤，並在旁邊放上砂糖；砂糖淋上少許味醂和醬油，在溶化的瞬間將略帶血色的肉和砂糖、醬油拌在一起；為了不讓表面燒焦需要快速翻轉，等到肉汁浮上來的時候就可以食用了。因為不是直接在肉片灑上砂糖或淋上醬油，所以可以很直接地感受到肉的美味，蔥和豆腐等等是之後再放入。這家店原創南部鐵鍋的厚度達一公分。

面向著清水町通、又舊

有11間宴客廳的「壽喜燒專賣店」料亭，其對事物的掌控是很精準的。進入店內後馬上就是有榻榻米的宴客廳。紙門門眉上也有著「精仁久壽喜彌奇」的書法字樣。

即使身處劇烈變化的南區，也可以感受到古老風情的外觀。

又大的町家建築上，掛著萬葉假名「精仁久壽喜彌奇」這塊大門簾，是篆刻家也是第二代老闆的北村春步，將好友書法家津金寉仙的作品染上花色而成。進入因灑水而顯得威風凜凜的玄關後，映入眼簾的是中庭，光是這樣就可以感受到店家迎賓的用心，前來用餐的我們也會更端容正坐。進到料理店，店家和客人都要尊重彼此，才能營造愉快的用餐氣氛；是這間罕見的壽喜燒專賣店，讓我想起這個最重要的原則。

店家資訊

北村

從創業起至戰前都只提供壽喜燒，戰後增加了水煮雞肉鍋和奶油燒。現在的木造建物建於昭和44年（1969年），裡面有餐桌席的房間，可以供4人坐的有4間，但如果宴客廳空著，就會在宴客廳用餐。壽喜燒、水煮雞肉鍋各9800圓、奶油燒10500圓（含稅，服務費外加）。

大阪市中央區東心齋橋1-16-27
☎ 06-6245-4129
週一至週六，16：00～22：00
週日、國定假日公休

八幡筋疊屋町

育 高麗菜市場
（キャベツプラザ育）

任何時候都可以吃到好吃燒。

好吃燒（810圓起，含稅）是先淋上滿滿的美乃滋再淋上醬料，最後再灑上海苔粉和柴魚片即完成，這是大阪最常見的料理方式。

如果談到在南區紅燈區正中央哪裡有好吃的，50歲以上且非常瞭解當地的人大多會說出「疊屋町」、「笠屋町」這種舊街道。以現在的地址來說就是「東心齋橋2丁目」，當今地名無法傳達實際上的街道氛圍。

這家好吃燒「育」位於疊屋町和笠屋町交界處，須穿過類似紅燈區縫隙的狹小死胡同。這裡曾是大阪城下町的中心點，當地人習慣將御堂筋和堺筋等南北向街道稱之為「筋」、東西向為「通」，但心齋橋到道頓堀一帶卻將東西道路上的周防町和八幡町，稱為周防町筋、八幡筋。

由江戶時代開始，船場的區域劃分是沿著東西向的道路聚集相同型態的商店，例如本町通就是和服、服飾相關；道修町就是藥店批發相關等。現在雖仍保留每條東西道路町的特色，但在南區的周防町筋到八幡筋、三津寺筋一帶，反而是沿著南北向道路形成了疊屋町、笠屋町、玉屋町等等的職人町。

與其說是吃晚餐的地方，更像是酒過三巡之後，會想上門吃個好吃燒再回家的地方。

育創立於昭和62年（1987年）。山本育男先生曾在法善寺橫丁的人氣好吃燒店「三平」學習，因為想在南區正中間創業，就開始尋找店面，但總是遍尋不著。在泡沫經濟高峰期的中心紅燈區，都是有女陪侍的lounge和金碧輝煌的高級酒店群聚的大樓，而燒肉和烤肉、好吃燒等等店家，因為會有味道和油煙等理由，被房東禁止入駐。

房仲介紹現在這間位於狹窄死胡同入口的房子時，向山本先生說：「如果這間還不行的話就沒了」。所以雖然心想：「什麼，位在這種小巷子」。但實在也別無選擇，於是決定入駐開業。營業時間是下午5點到晚上11點，而客人大多是前一家店的常客和熟面孔。

開業快一個月左右時，房仲再次造訪並詢問生意如何。不知道房仲是喜歡照顧人還是單純身為當地業者，一看見店裡連過路客都沒有，就建議半夜也要營業。山本先生馬上將營業時間延長至凌晨4點，客人也大幅增加。

就在二個月之後的年末，每晚都是座無虛席，延長營業時間之前，總是會想是不是該把店關了，而現在只要過了晚上10點，店裡就會因為客人過多而鬧哄哄的。

客群多為公司老闆及各行業的專家，山本先生也覺得氣氛和自己想像晚上有著好吃燒的街道印象不同。接受招待的客人通常會在比較早的時間來用餐，如果是和食的話就是料亭和割烹、壽司，西餐的話就是法、義式餐廳。之後再去有女陪侍的酒店或lounge喝酒。

這些地方結束大概是到9點以後，會因為肚子餓所以想吃點什麼再回去，或是稍微再小酌一杯。這時候來點好吃燒配啤酒，而且不是每個人各自點份好吃燒或炒麵食用，而是好幾個人分食一塊，最適合喝多的酒客。

登上知名網站推薦的「育歐姆蛋」（1080圓，含稅），並不使用麵粉或蕎麥，而是把牛筋、泡菜和蔥一起拌炒，最後用蛋包起來的。原本沒有這道料理，是應常客的要求而做，但隔壁桌的客人看到也要來一份，最後就正式變成一道菜色了。

我從小就會記住飲食帶來的美味和快樂，刻進我那熱愛各式好吃燒的大阪人基因。更重要的是，在死胡同裡的下町風情，可以不用在意他人眼光，安靜地用餐。

蔥、泡菜、牛筋和蛋的顏色搭配實在很棒，烘烤時的香味也是一絕。看著「育歐姆蛋」在眼前的製作過程，大概可以瞭解那些客人說出「我也要一份」的心情。

店家資訊

育　高麗菜市場

在三平學到的好吃燒是由豬肉、起士、馬鈴薯和味噌等配料組成，加入3種的話約要價1000圓。因為中間軟綿綿的，所以請溫柔對待。店名有高麗菜市場，是因為附近太多「育」字輩的日式酒吧，所以特意作出區隔。

大阪市中央區東心齋橋2-8-13　今倉大樓1F
☎ 06-6211-6781
週一至週六，18：00～3：00
週日、國定假日公休

美食街區與美味的老店

6

最喜歡南區難波的理由。

說到大阪，不論白天夜晚、吃的或喝的，我都覺得南區是最棒的，其中更是主推難波。

難波的雜亂街道，是飲食的救生索。例如想去某間店吃一道料理，卻遇到公休或客滿，餓到走投無路的時候，若旁邊有別的餐廳，絕對會很感激的。

就像我某次在寒冷的週末夜晚，突然和朋友想吃點什麼美味的，就決定去吃河豚什錦鍋。到了店家發現偌大的店也已座無虛席，就抱著些許無奈的心情，走到附近的壽司店。

那間壽司店讓人覺得店如其名，去過之後會一再光顧。在那裡偶然發現寫著「一人份河豚什錦鍋」的菜單，當然點這個也是可以，但看到玻璃冷藏櫃裡的赤貝似乎也很美味，於是就從握壽司開始，每樣各吃一點，也喝了一點酒，還有茶碗蒸等等。當初因為客滿而無法享用河豚什錦鍋的無奈心情，早就忘光了。

當然難波並不侷限於奢華料理。像是一個人想去BIG CAMERA後方的「重亭」（P．176）吃漢堡排，到的時候發現客滿，就可以改去同為西餐的「自由軒」，但又在剛走出

難波中央街的時候，忽然想吃煎餃配啤酒，所以就前往「珉珉本店」，或者是走出南海通後，在食堂「清水」（しみず）點份小菜配啤酒，再加豚汁和白飯，不對，烏龍麵和白飯也很搭。

不管哪家店，走路都只要一分鐘以內，這種感覺就是飲食的救生索。

2個人也可以選擇「3種醬料」

有一天突然很想吃「一芳亭」（P．182）的燒賣，於是就發了有如女高中生的簡訊，給難波出身的後輩M：「現在要不要去一芳亭簡單吃點燒賣配啤酒？你現在在哪？」和我很麻吉的M馬上就回我：「剛好到近鐵難波，15分鐘後見。」

我們15分鐘後就在地下鐵御堂筋線難波站的NANNAN Town側出口會合，並朝向往東沒幾步路距離的「一芳亭」前進。那是晚上7點的熱門時段，打開門後發現我們面前的吧台有如被施了魔法般，竟然有兩個空位，當然我們就坐那。

我們理所當然的先各點了大瓶啤酒1瓶和燒賣，然後再點大份唐揚雞（炸雞塊）。這兩樣是在菜單內由上方數來第2項，平常大概就是點這些。

順帶一提，大份唐揚雞是1250圓，小份是1150圓，只差百圓但分量差一半，所以一個人點大份的話一定會吃不完。

雖然整個大阪其他的類似店家，都端不出這裡的獨特燒賣，但我還是更想吃到伍斯特醬和芥末，最後常常會變成醬油和芥末、醋醬油和芥末及伍斯特醬的3種類小盤子。店家通常不會給這麼多小盤子，而是按客人數給的，是我趁著人多和店家要求「不好意思，請給我伍斯特醬」，並在燒賣登場前，一邊「嘿嘿嘿」笑著一邊製作3種醬料。

因為不管是大份唐揚雞還是3種醬料，都是一個人無法完成的吃法，所以找來了M。因為兩個人都開啟了喝酒模式，這時候如果加點1份燒賣的話就完全飽了；雖然的確美味，但只吃這麼一家也太可惜了，所以喝完第2瓶啤酒的最後1杯時，無緣由地很想前往位於法善寺參道前的鋤燒店「蛸政」（たこ政），邊吃醬烤蒟蒻串邊喝溫酒。

這只是我多年來嚐盡喜歡的店之後，養成的個人行為罷了，又剛好和當地出生長大的後輩M，對於難波街道上的嗜好相似；但不是在許多店家之間邊吃邊走的「水平志向」，而是深入瞭解一家店的吃法及樂趣所在的垂直志向。

最後一攤選擇雞尾酒好還是咖啡好？

走出蛸政之後，因為覺得還有點不夠，所以前往下一家走路只需30秒的店，出去之後轉彎就到了位於南地中筋的「阿拉比亞咖啡」（アラビヤコーヒー）（P．172），我有時會在週末休假前的晚上前往。不管是微醺時還是暢飲之後，只要想在這附近吃吃喝喝，經過時就會想到今天是店家會營業到很晚的日子，於是就想進去坐坐。

雖然已經很飽了，但還是想吃點什麼好吃的，這種矛盾出現的時候，我大多會去道頓堀大黑橋南詰附近的「Bar Whisky」（バー・ウイスキー）。今天以傑克玫瑰和龍舌蘭日出等等甜的雞尾酒為目標，與其說是喝酒，我更認為是美食的延伸；有時只會喝1杯，有時則會3至4杯不同的雞尾酒。

我也曾經用相同的模式，到處去不同的酒吧，但都忘了喝了些什麼。

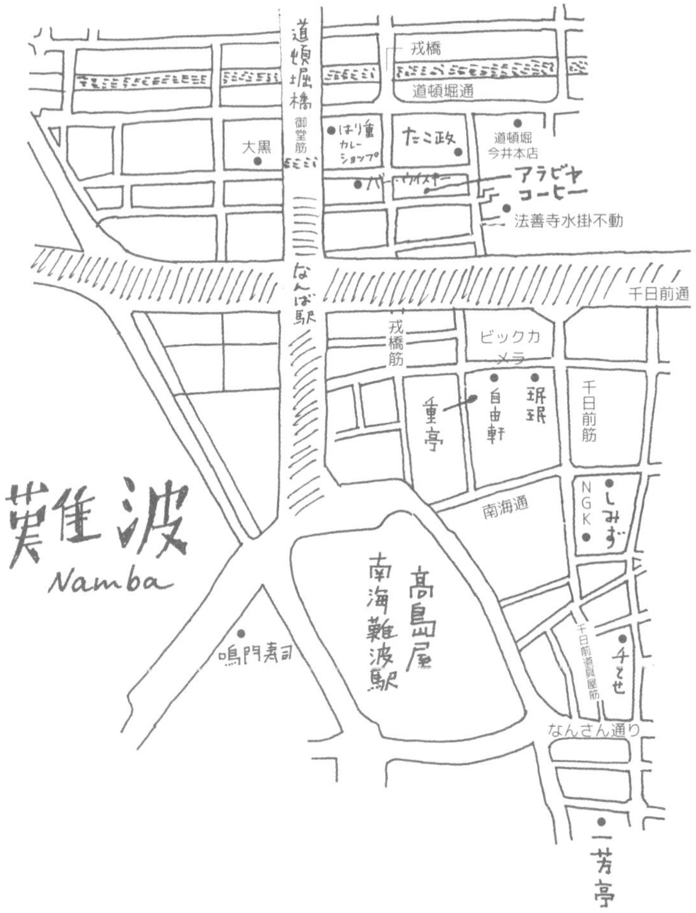

總之，收尾不是用拉麵而是雞尾酒，或是到週五、週六和假日前一天才營業到晚上10點的「阿拉比亞咖啡」喝熱咖啡。

難波可以說是「區域」或是「街道」，但絕不是「地點」或是「店面」。可以利用你的美食家專業能力及網路搜索，好好分析美食資訊再決定目標店家，但絕對不能抱持「來去確認看看」的心態。

道頓堀

大黒

——天下無敵的雜炊飯。

店家開業於明治35年（1902年），始終專心致志於雜炊飯。老闆娘木田節子小姐開玩笑說：「店名不是取名自附近的『大黑橋』嗎」？

橫跨道頓堀的大黑橋，連結著北岸的久左衛門町和南岸的九郎右衛門町。這兩個町從江戶中期開始，就是被稱做「川八丁」的小劇場和茶店相連的精華地段之一。尤其是九郎右衛門町，在天保十三年（1812年）的花街重整當中，既是私娼和公共浴室聚集的紅燈區，也一直被稱做「浜」。

這家店自創業以來就一直在九郎右衛門町，戰後則搬遷至稍稍偏南的現址。戰前在附近住了許多藝人，因為在這可以簡單吃個飯，所以他們連粧都不卸，在工作空檔就會跑來這吃雜炊飯。木田先生說：「因為吃雜炊飯不需小菜，所以不管男女老少幾乎都會喜歡吧」。當天下午採訪時，也看到一位30多歲、身穿制服的OL吃著雜炊飯和味噌湯。

原來跨越時代潮流和戰火，並永保人氣的祕訣就在這裡。只放入細切的炸豆腐、牛蒡、蒟蒻等食材，再用利尻昆布和柴魚片（親威是中央市場的鰹魚批發商，所以是這店的原創味道）熬出的高湯，呈現「清爽又厚實」的深奧美味。魚的烤物和煮物、白味噌、赤

雜炊飯（大）500圓、（中）450圓、（小）400圓。味噌湯可以選擇用白味噌或赤味噌，再加上文蛤、豆腐和蛋。

距離喧囂的御堂筋只需幾秒鐘，就可以看到外面隨風搖曳的門簾。

金平牛蒡、涼拌青菜、涼拌黃瓜、水煮羊棲菜等等，非常豐富的小菜。

店家資訊

大黑

古老店鋪兼住家的外觀，打開拉門後可以看見兩人坐的高腳桌；正是這種懷舊感，讓人覺得是一個美麗的空間。雜炊飯是利用可以煮3升的日式釜鍋，並用瓦斯爐火烹煮而成的。菜單有水煮芋頭和水煮羊棲菜（都是350圓）、烤魚等等，有許多客人把絕品小菜當做下酒菜並搭配清酒。讓人意外的是，20年前曾有人反應酒精會讓客人滯留時間變長，所以只有販售啤酒。但是還是在廚房角落看到花紀京（編註：藝人）特意帶來一公升瓶裝的清酒。

大阪市中央區道頓堀2-2-7
06-6211-1101
11：30～15：00，17：00～20：00
週日、週一、國定假日公休

味噌、清湯的口感等等，都和雜炊飯的配料堪稱絕配。

因為店內狹窄，所以謝絕團體客；而且這裡絕對不是酒場，所以我偶爾也會來。

道頓堀

播重咖哩專賣店（はり重カレーショップ）

——大阪首屈一指的精肉店丼飯。

不論是在難波當地就業的人，或國外觀光客都很適合造訪，很喜歡店家風格，因為完完全全是昭和時代的南區景色。

店家位於道頓堀和御堂筋的東南方，東邊是松竹座，同時最像南區的精華地段，甚至連計程車都會經過店門前。此地的高級精肉店是在大正8年（1919年）創業，道頓堀側的1樓是西式小餐廳、2至3樓是壽喜燒、涮涮鍋等等宴會料理店，這家咖哩專賣店是附屬在御堂筋側。特別的是這家咖哩專賣有種景觀餐廳的感覺，很多單獨用餐的人喜歡造訪。

菜單最右上的括號內寫著蛋花牛丼的「Beef One」（ビーフワン），和左上的咖哩飯是店內兩大招牌菜；因為相信美味的東西不會有多餘的部分，所以兩者是從大阪首屈一指的精肉店「播重」，完美利用了每日黑毛和牛上部位邊角肉完成的逸品。這個十足大阪南區味道的菜名，代表董事藤本先生也說了：「如果把這個當做他人丼（**編註：相較於親子丼為雞肉和雞蛋，他人丼食材來自不同動物**），並沿用原來的名字，我想就不會造成流行了」。

因為是現點現做，所以肉

共50公克的黑毛和牛。現在光用邊角肉已經不足以應付出餐量，所以會加入精肉，售價800圓。

的味道不會因為預做而變質。和烏龍麵店的「他人丼」味道有點不一樣，是西餐＋壽喜燒的「奢華料理」味道；雖然是丼物，卻有股「正在大口吃肉」的滿足感。穿過御堂筋的人潮進入店內後，伴隨而來的是讓人放鬆的整潔內裝，及快餐店絕對無法端出的香氣。

店家資訊

播重咖哩專賣店

上代主人是在昭和34年（1959年）開業，當時只有現在店面約一半的吧台，而且只賣咖哩。這家專賣店最棒的地方在於擺設：踏入店面，正前方映入眼簾的藍色瓷磚，完美述説著昭和的歷史。橫跨天花板的梁柱、花朵形狀的電燈和收銀台都是開店當時的東西。雖然也有許多踩點的觀光客，但店內氣氛彷彿可以消解這不協調感。

大阪市中央區道頓堀1-9-17
☎ 06-6213-4736
11：00～21：00
週二公休（遇國定假日則營業）

如同店名是間小小的咖哩專賣店（譯註：「はり」有針的意思，表細小），但仍以「大阪名店」的名氣廣為人知。

店長里出善信先生。1天要使用120片這樣長的昆布。

道頓堀

道頓堀今井本店

——在今井的烏龍麵品嚐高湯。

戰敗後的昭和21年（1946年），道頓堀今井由蕎麥麵店開始發跡，就是浸染在門簾上的「名代御蕎麦処」。

但是店裡廣受好評卻是烏龍麵，尤其豆皮烏龍麵一天可以賣出600碗（照片裡近的那碗700圓）。另外有以葛粉製成「高湯」，不用蔥只用薑的「生薑烏龍麵」、以及用蛋和木耳的「蛋花湯」（照片裡遠的那碗800圓），都是只有吃過才懂的美味。這也是法式料理名廚艾倫・杜卡斯讚不絕口，值得為了湯頭而點的烏龍麵。

高湯則是以昆布為基底，烏龍麵專用的高湯只採用枕崎產的鯖魚片和沙丁脂眼鯡魚片（不使用鰹魚片）；昆布則堅持使用道南「黑口浜」，將最好的部分靜置一年後使用。一片裁成約25公分，放入8升的日式釜鍋，一天製作40次。為了追求味道的一致性，只有店長里出先生能製作高湯。味道可能會因昆布而有些微變化，所以這是一份十分要求職人感覺和經驗的工作。如果換了昆布，就算調整其他的調味料也

據說鰹魚是一種香味比口感更突出的食材。得先聞到香味，才會因此覺得全部都很美味。但是今井的烏龍麵卻不同，其香味清淡，口味紮實，是一碗會讓你想吃到五官都動起來的烏龍麵。

2002年的瓦斯爆炸意外，幾乎完全燒毀建物，只有這株柳樹得以倖免。

店家資訊

道頓堀今井本店

在這個快餐店、便利商店、連鎖居酒屋和咖啡廳比鄰……以及年齡層逐漸下降、人種混雜而雜亂不堪的道頓堀當中，這間柳樹搖曳、滿載古老風情的店，讓人彷彿置身在不同時空。不僅僅是烏龍麵，丼飯、天婦羅及清蒸鯛魚雜碎等等也都是逸品，也有客人會搭配啤酒。由前代老闆和老闆娘執筆，並裝飾在店內的牆壁和大門上的書法作品也十分有特色。

大阪市中央區道頓堀1-7-22
06-6211-0319
11：00～21：30（最後點餐）
週三公休（遇國定假日則營業）

無法挽回味道，所以每次都必須認真面對。

原本是適合風雅人士看戲前後用餐的店家，但店家溫暖的待客之道，會讓任何客人笑靨逐開。正因為是平民常吃的烏龍麵，所以才蘊藏著大阪飲食文化。

難波

阿拉比亞咖啡

（アラビヤコーヒー）

連世界級主廚也認為不錯的咖啡館。

現今店家很少使用木框玻璃門，來往路人無一不偷瞄內部情形。

世界のコーヒー
coffee
アラビヤ
アラビヤ
二月花形歌舞伎
6-7
6-7

上圖／精神很好且心情不錯的高坂峰子小姐。
下圖／大多數內裝是前代老闆自己手工做的。

按照當地人的說法，這是一間位在南地中筋、非常典雅的咖啡館。

第一代老闆高坂光明先生，是位將夢想付諸於大阪南區實現的名人。他曾是軍官，二戰結束後環遊世界，途中認為「因為已經為國效忠過了，所以今後要照自己的想法活下去」，於是決定要開一間中南美洲的咖啡專賣店。因為附近有舞廳，所以店址決定在難波，就這樣開店了。這是昭和26年（1951年）2月的事了。

當時，大阪市內的咖啡館正流行濃郁的重口味，因此這家店輕柔溫和的濾布式咖啡，讓客人十分吃驚。

現在由兒子明郎先生繼承，母親峰子小姐已超過80歲，但仍是現役女性棒球隊「銀色姐妹花」的王牌，也會每週露面一次。她曾是昭和25年（1950年）、女子職業棒球發跡時加入的明星選手。

順帶一提，我約10年多前帶領艾倫．杜卡斯前往法善寺橫丁的「壵川」，他於回程途中看見這間店，認為一定是間不錯的咖啡館，就提議一行人到店裡消費，其實我一點也不意外。

讓當地商人、歌舞伎舞者、體育選手和觀光客，都慕名而來的老闆高坂明郎先生。

店家資訊

阿拉比亞咖啡

面向法善寺水掛不動參拜道路的玻璃門，可以清楚地從店內看到外面的情形，也可以從外面看見店內有無空位。前代主人雖然喜歡音樂，卻不播放背景音樂，只有杯子和盤子碰撞的聲音，和人的對話聲、道路的喧鬧聲相互融合，卻也成了很美妙的音符。自有品牌咖啡540圓、阿拉比亞三明治810圓（皆含稅）。

大阪市中央區難波1-6-7
06-6211-8048
10：00～19：00（最後點餐）
週三不定時公休

漢堡排的肉汁和多明格拉斯醬相融合，
高麗菜也會變得更加美味。

難波

重亭

──西餐是大阪南區的「奢華料理」。

老店重亭位於最像南區的千日前。無關性別、年齡或喜好，最中性的西餐擁有隨時能讓人放鬆的美味。和北區的梅田和北新地相比，南區的難波和千日前，還殘留著自古以來道頓堀的戲劇和歌舞伎、難波花月劇場的寄席傳統表演和相聲演員、《吉本新喜劇》（編註：劇目名）等等「看戲」的氛圍，這點讓我感覺很棒。

連結千日前通的BIG CAMERA和南海通的南北向街道上，白底黑字的門簾既典雅又高尚。

有著「在觀戲前後吃點好吃的吧」的心情，紅燈區氣氛非常完整的街道。

因為黑門市場和道具屋筋等等商店街就在附近，所以會有在購物回家途中進來吃的人；又因為在南區的正中央，周遭辦公大樓林立，所以客群也有許多商務人士和OL。店裡有著夜遊前先來填飽肚子的人、約會的情侶、或是攜家帶眷的人，人聲鼎沸好不熱鬧。

西餐廳的優點就是不用像法式餐廳和割烹料理店那樣，一定要點套餐或懷石料理。可以一個人去享用漢堡排餐、或是咖哩飯也行。3到4人的話就點牛排和炸蝦、炸豬排、蛋包飯等等，各自隨意點想吃的東西，之後再分食也是一種樂趣。這也是大阪流「盛情款待」（ごっつぉ）的豪爽。

這家西餐廳具體呈現南區這一帶的氛圍，其創業70年的歷史，也伴隨著味道緩和了南區人的心靈。

店頭掛著寫有「歐風料理」大字的門簾，旁邊有標示價格的樣品架，這在大阪的老式餐飲店和咖啡廳很常見，讓人在進門之前就感到很安心。穿過門簾後，不僅僅是在大廳服務的歐巴桑，就連廚房內都會傳出「歡迎光臨」的招呼聲，對於第一次造訪的過路客來說實在很窩心。

內場的照明比外場更明亮，從外場可以看到廚師忙碌又俐落的身影，似乎在訴說著

左圖／落語協會副會長桂春之輔大師（右）和其弟子。能遇見許多落語家、相聲師父等等也是當地風情。右圖／吉原政志先生。

「為了客人，今天也要做出美食哦」。

如果點了最自豪的牛肉漢堡排（1130圓，含稅），位處廚房最靠近客席位置的老闆吉原政志先生，就會開始啪搭啪搭的親手製作漢堡排。將漢堡排放入平底鍋後馬上蓋上蓋子，再一邊把玩筷子，一邊小心翼翼地調整火候。完成後的漢堡排既大塊又厚實，大約重180公克。

漢堡排十分有彈性又很軟嫩，儘管經過加熱烹調，但一刀切下去的時候，肉汁還是啾地一聲流入多明格拉斯醬，然後再大切一塊食用，無疑是最幸福的時刻。這間店從精肉店購入牛絞肉和豬肉塊，並在店內重新捏製，所以有好好確認過品質；捏製的比例為8成牛肉、2成豬肉。

要說什麼是大阪的味道，答案可能有好吃燒、串炸、豆皮烏龍麵、河豚什錦鍋、燒肉等答案，但「西餐」毋庸置疑也是其中一項大阪美味。

店家資訊

重亭

戰敗後馬上就在昭和21年創業。第一代老闆是大正時期曾在東京擔任廚師，後因關東大地震而來到大阪的西餐職人。長桌2個共8席，和3桌4人座的店內，電視播放著相撲和棒球轉播，空氣中飄散著無法言喻的舒適感及昭和氛圍。

大阪市中央區難波3-1-30

06-6641-5719

11：30～15：00，17：00～20：30

週二公休，遇國定假日則隔日公休

難波千日前

千歲（千とせ）

多麼有難波風味的傑作——「肉吸湯」。

溫泉蛋像是從肉和蔥當中探出頭來，讓人不禁莞爾一笑。

這道料理就連出處都很大阪，是來自《吉本新喜劇》的「肉吸湯」，這是一個牛肉烏龍麵的故事；這是道只放入肉和蔥花後品嚐的「清湯」料理，逐漸被稱為「肉吸湯」的美食。若說去吃美食「肉吸湯」，意思就是要去充斥著相聲般趣味對話方式的地方，心情也逐漸開朗。肉吸湯的由來是20年前的某一天，吉本藝人花紀京到了店裡。從代表大阪的喜劇舞台「難波花月劇場」（現難波Ground花月）和相鄰的吉本興業總社走過來約一分鐘，所以大多數藝人經常會在演出空檔和午飯時過來。花紀京當時人氣是《吉本新喜劇》的第一名，某天不知是宿醉還是什麼原因，連烏龍麵都吃不

如同所看到的菜單，500圓以下的菜色很多。

下，所以他就點了「牛肉烏龍麵、不要麵」，而老闆也笑笑地按他要求製作。

以此為契機，「肉吸湯」漸漸成為人氣菜色之一，而這故事在大阪早已廣為人知。雖然也有很多蕎麥麵店提供「天婦羅蕎麥麵，不要麵」的服務，但「肉吸湯」已在關西廣為流傳，卻不常聽到其他地方有在販賣。

烏龍麵店位於1樓，店內擺滿了4張4人座餐桌和1張2人座，直到打烊為止幾乎都座無虛席。

和「肉吸湯」很相配的街道風景

相隔一條街道的千日前道具屋筋，和東京淺草的合羽橋道具街相同，都是各地的餐飲店業者會前往採購營業用烹調器具、刀子和餐具等等的商店街。雖然這有許多專門道具店，但有趣的是，店裡也有章魚燒器具、烏賊燒器具等只有大阪才有的烹調器具；另外也有招牌和門簾專賣店，甚至有負責手寫字的店家。

在附近上班的人都會來用餐，其中也包括吉本藝人；所以高朋滿座的店裡，看起來就有如吉本新喜劇某場景般、整個空間都是大阪腔的你來我往。「肉吸小玉！」（ニクスイショウタマ！）這種有如咒語的說法，意思是肉吸湯（650圓，以下價格皆含稅）套餐，而「小玉」則是小碗白飯（160圓）和生雞蛋

（50圓），很多客人都是這樣點的。

肉吸湯是放入碎牛肉和蔥花，水煮嫩蛋則被牛肉和蔥花蓋住。雖然只是水煮嫩蛋加上生雞蛋，但如果淋上「雞蛋拌飯」專用醬油，吃過就會知道是很棒的組合。

將肉吸湯連同碎肉和蔥花咻咻地一起吃進去，再配上雞蛋拌飯，這時就會想再喝一口湯。這份美味讓我深切體會到下町的味道。

不論是烏龍麵也好，鍋物料理也好，大阪飲食雖被稱為「高湯文化」，但能在這項獨特性取得第一名的，難道不是千歲的肉吸湯嗎？

營業時間是從早上10點半到下午2點半，這也該說是另一項獨特性嗎……。

雞蛋拌飯的蛋色，和放入肉吸湯的水煮嫩蛋不同，但都非常美味。

店家資訊

千歲

已開業50多年，是間有歷史的烏龍麵店。證據是店的左側入口上方寫著大大的「烏龍麵　蕎麥麵」，店內菜單從「烏龍湯麵350（圓）」開始。現今在大阪廣為人知、大多數客人都會點的「肉吸湯」，原本是牛肉烏龍麵，現在也是人氣菜色，只要多去幾次就會瞭解為什麼。

- 大阪市中央區難波3-1-30
- 06-6633-6861
- 10：30～14：30（賣完就關店）週二公休

難波Ground花月後方呈現南北走向的道路。右側是通到千日前道具外筋的道路。

難波中

一芳亭本店

偉大的替代品——薄蛋皮。

這間店以薄蛋皮當燒賣外皮為主打招牌。昭和8年（1933年），是以主打烏龍麵的「中華風料理」店而開張，但戰後不久因為小麥粉不足，所以使用薄蛋皮來代替燒賣外皮，反而獲得很好的評價。

這裡的燒賣就是典型的口耳相傳美食。在我成長的岸和田那邊也有一家分店，從小就一直吃著燒賣，覺得是世上獨一無二的東西；也帶很多人去過，在各時段聊過各種話題，當然也寫成了記事。

因口碑循香而來的美食

寫手，也很訝異燒賣的美味程度，於是馬上就和周遭的人聊起天來。

「牙齒首先觸碰到的是表

外觀有如洋菓子般，1人份5個320圓（以下含稅）。

皮，蛋皮的柔軟和內餡的彈性衝擊了我整個人。讓我覺得再也沒有比這好吃的東西」。這份美味就是如此貨真價實。

內餡食材是豬絞肉、洋蔥、蝦子，同時為了不讓蛋皮易破，也加入了澱粉。洋蔥是使用淡路產的（除了5月和6月），其甜味是如此濃厚又柔和。蝦子的美味、洋蔥的甘甜、豬肉油脂的精華，全都完美地融合在一起；既鬆軟又柔嫩，不論是誰都會讚嘆的貨真價實美味燒賣，口感和味道都是未曾在中華燒賣嚐過的美味，簡直堪稱絕品。

成立迄今40年，有如標準西餐廳般的格局和內裝的擺設，十分搭配薄蛋皮的燒賣，而寫在店頭的「中華風料理」，也貼切地詮譯了這間店的特色。

店家資訊

一芳亭本店

是沒什麼特色的平民化普通菜單，但卻沒有比這更好吃的東西了，十足地代表了大阪美食的店家。廚房1樓是吧台和餐桌席，2樓是餐桌席、適合很多人一起分享多道料理。如果是4人一起來的話，可以點6人份或是7人份，包括大份唐揚雞（1250圓）2份、春捲（900圓）、咕嚕肉（600圓）等等，真是好幸福啊。此外還有叉燒（580圓）、照燒豬肝、炸蝦、炸豬肉塊（以上各490圓）、八寶菜（600圓）、湯（90圓）和白飯（大130圓、小100圓）。

大阪市浪速區難波中2-6-22

☎ 06-6641-8381

11：30～20：00

週日、國定假日公休

「助十」。不管是鯖魚押壽司或是甜醋昆布薄片，還是豆皮壽司的三角形狀，都是大阪壽司的模範（不小心吃掉1個豆皮壽司了）。

難波站西

鳴門壽司

（鳴門寿司）

—不夠俏皮就稱不上是大阪美食。

先從壽司的名稱說起。

名為「助六」的拼盤有海苔捲壽司和豆皮壽司，在現今的木片便當中很常見。特殊的名字來自延寶年間（1600年代後半）京都發生的助六和藝妓——揚卷的自殺事件，以此為藍本而成的歌舞伎戲劇。後來傳到江戶後就變成「助六所緣江戶櫻」。拜此人氣所託，豆皮壽司就稱之為

「揚」，「卷」是捲壽司，合稱為「助六」（譯註：前者4貫，後者2貫；此數量在大阪的壽司盒中為常見份量；其後的Bateria為6貫，如此可推出助八、助十）。

大阪還有被稱做「助八」、「助十」的壽司拼盤。助八是捲壽司和Bateria（鯖魚壽司）、助十是豆皮壽司和Bateria（鯖魚壽司）的組合。

儘管再怎麼像古老的店面建築，但光是拉門變成自動門這一點就很有南區風格。

「助六可以類推助八、助十，我爺爺說取名就是這麼來的，不知是真是假」。說這話的是大正3年（1914年）創業的鳴門壽司第三代老闆娘川野輝子小姐。

大阪是在明治時代中期出現東京握壽司，而正式開始食用是在關東人地震後的大正末期。大阪在那之前還是以箱壽司和海苔捲壽司、散壽司為主流。

使用醋漬的鯖魚薄片製成箱壽司的Bateria（鯖魚壽司），第一次出現是在明治26年（1893年）至28年左右，當然也以大阪為舞台。

根據篠田統先生所著的《壽司之書》（暫譯，すしの本）（岩波現代文庫），雖然在南船場順慶町的「鮓常」第一次使用鮗魚，但因為價格太高而改用鯖魚，和京都的鯖魚姿壽司是不同起源，而且價格十分低廉。

在篠崎昌美小姐的《續・浪華夜語》（暫譯，続・浪華夜ばなし）（朝日新聞社）當中，水上警察署在啟動河川巡邏小艇的時候，會將小艇稱為Bateria（バッテーラ，葡萄牙語的小船）；也因為形狀和壽司很像，所以後人就這樣稱呼。大阪還真的很喜歡這種開玩笑似的命名。

跟隨大阪變化的潮流

鳴門壽司在太平洋戰爭的空襲中被燒毀，直到戰後遷至難波新川現址前，都一直位在

彷彿讓時間靜止的昭和式吧台。只要仔細看，就知道箱壽司製作十分費時。

曾是紅燈區的新町。創始者川野光左衛門先生出生於和店名相同的德島（**編註：鳴門市位於德島縣**），在當地曾是高材生的他，在兄弟的支持下就讀大阪的師範學校。擅於寫字的他在新町的料亭受到器重，所以一直從事記帳的打工工作。

「大阪正好景氣不錯，那家店也收入不少，這點從帳面就可看出。學校老師賺不了幾個錢，不如做生意啦，祖父就這樣輟學並開立了壽司店」。孫女輝子小姐這樣說道。

光左衛門先生是位相當有創意的人，例如會準備美女宣傳車、明明是壽司店但也引進烏龍麵，只為了能儘早販售咖哩烏龍麵等等。

咖哩烏龍麵的起源雖不明確，但明治26年（1893年）創業、位於南船場豆皮烏龍麵發源地的松葉家第一代老闆——宇佐美辰一先生的《豆皮烏龍麵口傳》（暫譯，きつねうどん口伝）當中，記述著大正12至13年左右，被稱做大阪咖哩飯元祖的難波「自由軒」（店名），以裡面的乾式咖哩為啟發，並加入英國C&B公司的咖哩粉進行炒煮而做出咖哩烏龍麵。

在那樣的大阪美食革新浪潮之中，有著這麼一家鳴門壽司。說不定「助八」、「助十」的故事也可能是真的。

這家店位於都更成效顯著的南海難波站附近，是間維持著昭和外觀的餐飲店。店名雖然有

因為有各式各樣的居酒屋菜色，雖然已經飽到不行，但即便如此，受到中華拉麵的香氣影響，聽到某人咻咻咻的吃麵聲之後，讓我也下意識地點了一碗。在這裡會一試成主顧喔。

大阪的電話區碼維持3碼，對年輕一代來說也許很新鮮。

著「壽司」，但菜單有中華拉麵和烏龍麵等麵類、生魚片和天婦羅、湯豆腐和土手燒等居酒屋菜色，也應有盡有，甚至也能做出宴會用的鍋物料理。

首先點了中杯生啤和喜歡的下酒菜，之後邊吃邊喝，最後再來份中華拉麵或是烏龍麵等等。像這樣客戶與店家之間不做作的關係，非常搭配以鯖魚壽司為基礎的助八及助十。

店家資訊

鳴門壽司

助六、助八、助十都是580圓，非常便宜。這天，第四代老闆博史先生說：「捲壽司要拿來做助八，所以不能再給你們了」。豆皮壽司是正三角形的樣子，裡頭有滿滿的黑芝麻。最有人氣的中華拉麵（700圓）也有半碗（500圓）的選擇，可以看出受到南區當地人的喜愛程度。客層不僅是當地人，附近府立體育館會館裁判和相撲相關人士都會過來。

大阪市浪速區難波中1-15-22

06-6641-2581

11：30～15：00，17：00～23：00

週日公休

黑門市場

伊吹咖啡館

（伊吹咖啡店）

——連在地人也會讚不絕口的黑門咖啡館。

黑門市場的餐飲店特別多。市場內聚集了許多專業美食，從烏龍麵、蕎麥麵、海鮮、星鰻、牛排、食堂、咖哩專賣店等等，食材既新鮮又優良，所以每家店都很好吃，讓我愛上了這裡。

看起來與其說是吧台，不如說更像廚房；
讓人感受到是身處市場的咖啡館。

與其說是「雞蛋吐司」，不如說是把麵包當做吐司、
且有著紮實餡料的三明治。

其中之一就是昭和9年（1934年）創業的伊吹咖啡館，最自豪的產品是內行人都知道的自家焙煎特濃咖啡。無論是採購食材順道經過的廚師、買完東西要回家的主婦、穿著長靴在市場工作的人，都會來懷舊的店內稍事休息。

最好吃的吐司和三明治也是有口皆碑的。這天我們兩人各點了一份有打折的「雞蛋吐司」和「火腿吐司」（各540圓，以下價格皆含稅）套餐，然後分著吃。540圓和打折後由480圓變成290圓的熱咖啡，平均每人才830圓。

小心翼翼地用烤過的麵包做成三明治，每次品嚐都覺得超美味，份量也是很大。灑上少許鹽巴後，就會吃到懷念的味道，也讓咖啡的美味更上一層。

咖啡會提供湯匙和2塊方糖。常客也說「這裡的咖啡不是一般的黑咖啡，絕對不能放2塊方糖」、「冷掉之後，味道更美味哦」，還真的就像他們說的一樣。除了在地人，當然也有許多粉絲是為了這家店和這杯濃醇咖啡，大老遠從其他地方來的哦。

「黑門榮」的西松三先生說：「以前許多料理職人，都會在這對面下將棋。」

隔壁的建築物裡有烘焙室和販售各國的豆子。

店家資訊

伊吹咖啡館

濃厚豐潤的熱咖啡（480圓），是店主口中也許是日本最濃的咖啡，也是老顧客口中小孩子都不喝的大人味咖啡。和總店在千日前、現今全國都有的「丸福咖啡館」師出同門。大阪的咖啡館當中，擁有一流濃醇咖啡風格的就是這家店了。

大阪市中央區日本橋1-22-31
☎ 06-6632-0141
7：00～19：45　元旦公休

大阪其他

九條・京橋・桃谷・安倍野西成・文里・東大阪

在大阪，不論是JR環狀線還是地鐵、私鐵沿線，各站都有不同的街道樣貌，同時也必定會存在著幾家屬於各自街道風味的「好店」。

九條

京橋

鶴橋

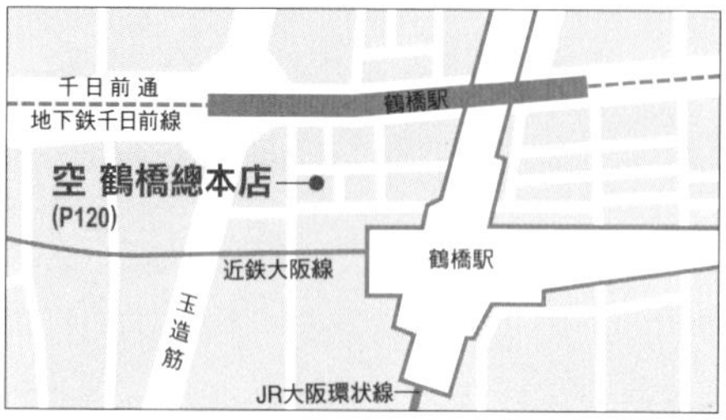

桃谷

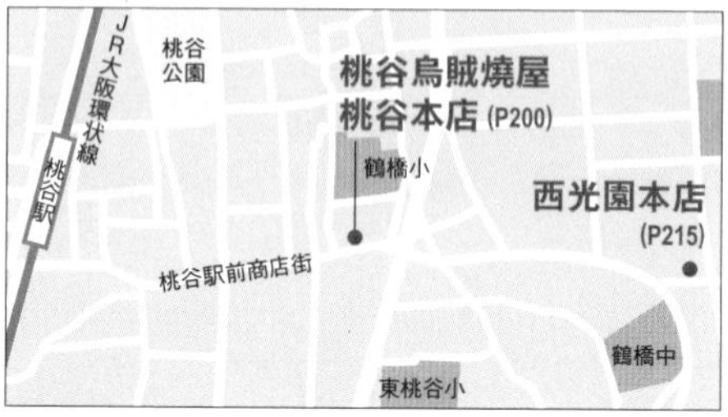

新世界

阿倍野

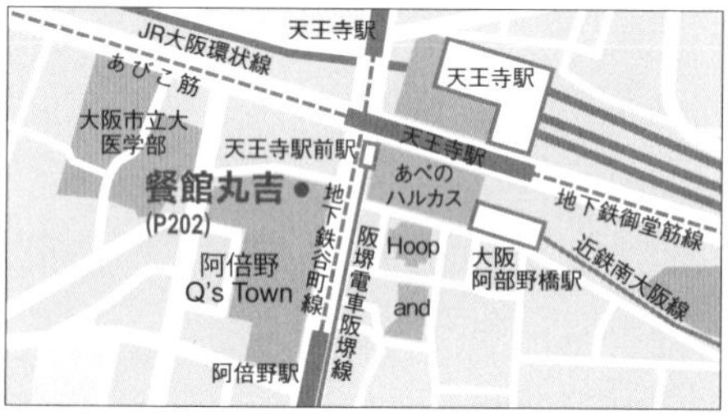

萩之茶屋

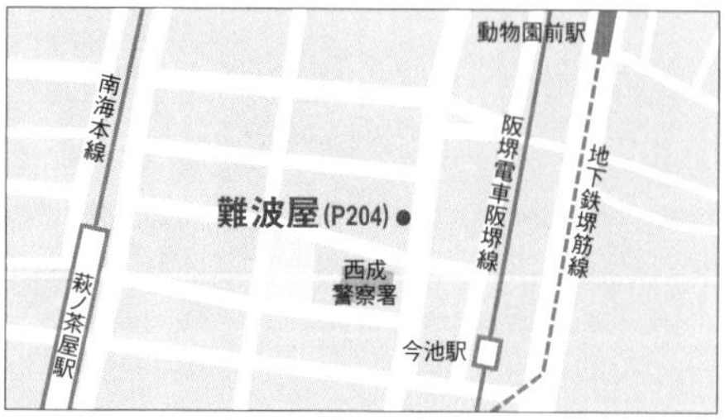

文里

布施

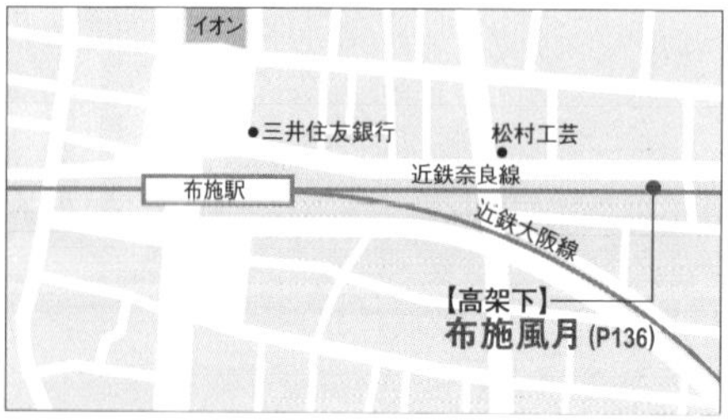

近大前

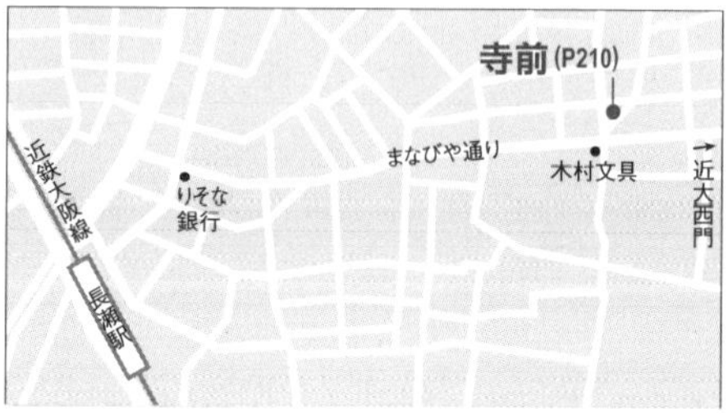

九條

白雪溫酒場

（白雪温酒場）

即使是在炎炎夏日，也要來杯溫酒和關東煮。煩惱也會隨著酒精蒸發而散去。

十分有迫力的錫製酒器。因長年使用而變形的樣子也別有一番風味。

上圖／吧台上可以看到7個洞的溫酒器裡，裝著錫製酒器。右圖／結帳時則是使用慣用的算盤計算。

大阪不論冬天或夏天都是喝溫酒，溫酒場就是證據。現存的有野田的「上田溫酒場」和九條的「白雪溫酒場」，聽說兩家都是昭和初期創業的。以居酒屋聞名的白雪溫酒場，因阪神難波線的開通，在2011年時往隔壁搬遷了2間店面。

第一次去的時候是在一年前左右，因為連菜單什麼的都沒有，所以不知道要怎麼點菜。而其他客人彷佛理所當然的，要酒就點酒、想吃螃蟹就叫螃蟹，還有松茸、青菜等等，不過他們可能也是第一次來，只是裝成常客的樣子罷了。

我只能驚訝地邊喝溫酒，邊吃著美味又便宜的下酒菜。店內彌漫著讓煩惱都隨酒精蒸發的酒香，而且店面雖然看起

不論是水煮鯛魚頭還是鮪魚蔥串，都是在吧台前的冰櫃內看到後才點的。

來很新，但仍保有搬遷前的舊有氛圍。

每次都需在附有蓋子的7個洞溫酒器加熱的白雪純米酒（如右上圖）。隨意擺放著20、30個江戶中期創業的大阪錫器王者「錫半」（1996年歇業）的錫製酒器（銚釐），只要客人說「我要酒」，就會邊回覆「好哦」，邊從一公升瓶當中將酒倒入酒器裡。因為用材質較軟的錫製成厚重酒器，所以長年使用下，每個都稍稍有點變形。

因為導熱性佳，所以酒只需幾十秒鐘就熱好了。大多數客人只要說「給我酒」，而不需叮囑「溫酒」什麼的，馬上就會有絕佳的溫酒端至面前。雖然時間很短，但看著老闆在酒溫到達適溫前，邊拿著厚實的酒器邊確認情況，已經讓我們這些酒鬼受不了啊。

用錫器加熱的酒很溫順，就像在喝一杯會讓心情變好的溫茶，讓人一口飲盡，而冬天的溫酒又是另一個酒的世界。回程的時候，只要來到象徵大阪曾在三角洲上發展過的「源兵衛渡河口」，並穿越其下方的安治川海底隧道，就可以抵達此花區側的西九條。一到夏

這間店的氛圍是：某位客人問有沒有串燒，老闆答有，其他客人則會跟著回應表示也要來幾串。

天就會為了體驗這份涼爽感，想要來白雪溫酒場。

炎炎夏日裡吃關東煮真的比較好吃。在這個炎熱的9月岸和田地車祭的時候，不管是居民還是鄉公所都會煮關東煮，而炸牛蒡和牛筋的味道就……也許只是自己的偏見，但一整年都想著「喝酒就是要溫酒」的我來說，溫酒的固定班底還是要搭配關東煮。冬天的關東煮和溫酒雖可以暖和身體，但夏天就會有不同的體感，酒當然也具備夏天才有的樂趣，所以我才會來到這個「溫酒場」。

無論怎麼看都覺得很完美的富士山「白雪」和浸染成店名的門簾。聽說是小西酒造送的。

店家資訊

白雪溫酒場

因搬遷而煥然一新，但只有店內的吧台沒有任何改變。一如既往的以附近常客為主要客群，也開始提供菜單和菸灰缸（以前都是把菸頭丟到水泥地上後用腳踩熄）；但如果不和店家索取，店家是不會提供的。

大阪市西區九條

＊其他資訊不予刊登

京橋

岡室酒莊直營所

（岡室酒店直売所）

身體已習慣美好的立飲。

小倉和八幡等北九州市裡，聽說有150間立飲酒館，雖然大阪沒有這麼多，但也有不少。從立飲的酒館、站內和站前的立食烏龍麵、串燒、串炸等等串物的酒館開始，一直到創業已快一百年的北新地酒吧「堂島SAMBOA」（店名），其樣貌豐富多變。

這些站立飲食風格的店家，打著「便宜、快速、美味」的口號在地生根。全國的連鎖速食店、便利商店的罐裝啤酒和關東煮更是如此，當然那算不上是街區風格。對於在大阪這座繁忙城市工作的人而言，立食風格的店家就有如是一整天的節奏存在。

走出JR京橋站北口後的一個角落，有個我周遭的人隨興稱為「立橋立飲橫丁」的區域，那裡約群聚了10間立飲店。因工作或辦公而來到京橋

門簾上的文字，是20年來日日都到店裡的漫畫家中島宏幸先生所作。

許多人都喜歡點醃製小魚干、皮蛋（皆為250圓含稅），和日本酒及啤酒很搭。

站時，常常會想說「繞過去一下吧」。但不是進到咖啡館小憩片刻，再去名店吃個中餐什麼的，根本連玩柏青哥的時間都沒有。

在最忙碌時候的「稍稍」指的是肚子餓吃麵、工作空檔中吃土手燒（燉牛肋肉串）和小杯生啤的空閒時段。雖然不會久坐，但那是工作和通勤回家時的緩衝，也是和這個城鎮能有確切聯繫的場所。所以不管哪家店都很有個性，不會是一致的風格。

在那個京橋的「立飲橫丁」當中，我最想推薦的店是「岡室酒店直營所」。店門前堆積著高到嚇死人的啤酒籃。從早上就開始營業，有關東煮、串物、鐵板燒等的豐富菜單，還有鯨魚舌和炸河豚，也有讓酒鬼叫好的下酒菜。醃製小魚干和魚糕等等簡單的料理特別讚。

並不是要你去找以流行為主軸的創意西班牙酒館，或是只要１０００日圓就可以讓人喝到醉醺醺，除了便宜就沒有其他特色的超低價酒館，而是尋找讓你覺得「可以常去」的立飲居酒屋。並且每週造訪一次以上，就會在不知不覺中學習味覺的「身體用法」。

在「美食達人」這種說法的出現以前，有的是「吃貨」、「老饕」，就是要請這些前輩帶你去立飲、好吃燒、割烹或法式餐廳、飯店的酒吧等等許多的地方。我有幸從中學到的，應該可以不用特定造

覺得這些「很美味」的人，心裡想的應該是可以拿來配酒，是相當程度的酒鬼。鑫鑫腸250圓。

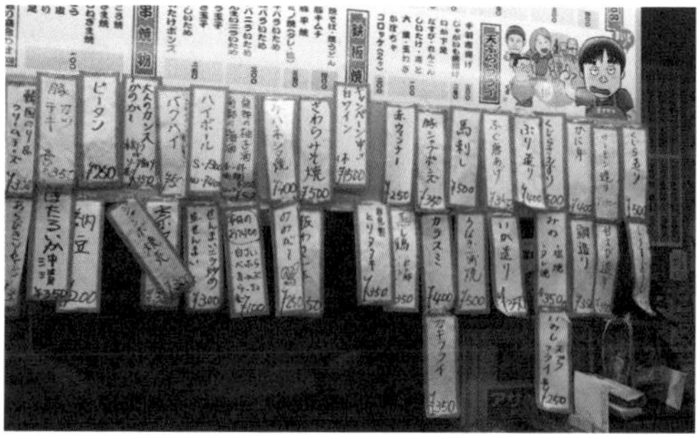

從寫在塑膠板上的菜色和紅框短冊相比，就可以大致瞭解這家店的態度。

訪不喜歡的店家，不喜歡不一定是知道了店家的什麼資訊，而是身體養成了直覺反應。

京橋的立飲教會我超越美食的風格和價位高低的判斷，而應該「成為自己歸屬的店」的重要性。

店家資訊

岡室酒荘直營所

從外面透過玻璃窗，就可以完全看到吧台內有著怎樣的客人、有多少人在裡面。雖然也有連續17至18年每天都來的客人，但卻沒有搞小團體的氛圍，而是對第一次來的客人也會熱情對待。另外，左上的啤酒杯是常客的東西，而且是其他客人送的；重點不在價格，而是人情，也讓我深深覺得是「可以常去」的店。

大阪市都島區東野田3-2-13
06-6358-6598
9：00～22：30　週三公休

桃谷

桃谷烏賊燒屋

桃谷本店（桃谷いかやき屋 桃谷本店）

大阪通的桃谷烏賊燒。

「烏賊燒」，這個富含下町平民味的食物裡，有著舊大阪的味道。

桃谷烏賊燒屋至今已創業67個年頭了。原本是大阪冰淇淋專賣店；董事長齋統民夫先生的父親，負責冰淇淋機器的製造和維修工作。當時在祭典和夜間路邊攤很有人氣的

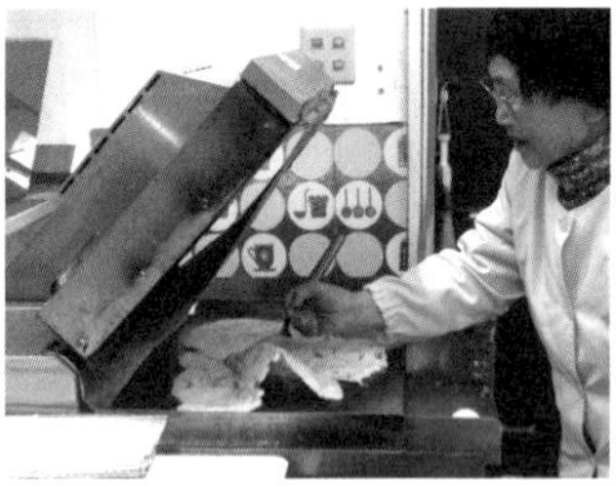

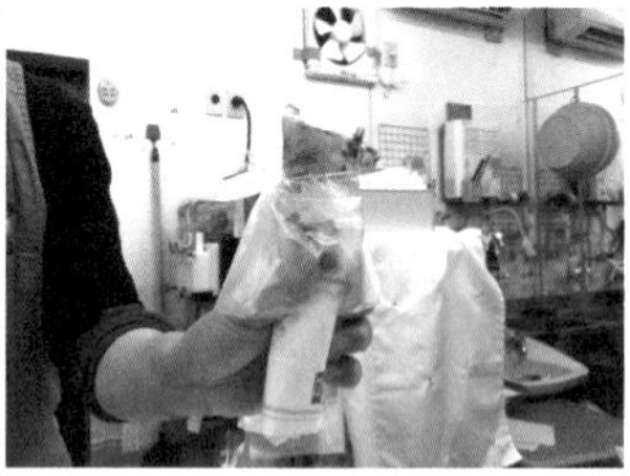

左圖／將烤好的烏賊燒迅速移到器皿中。右圖／外帶時會將烏賊燒捲成一圈再給客人。下圖／齋藤先生的媽媽淑子小姐，自昭和25年（1950）創業開始就一直在這幫忙。

烏賊燒，是用鐵板互相重疊後做出來的，突發奇想覺得能夠做出更好用的專門機器，就和做彈簧及鐵板的工作伙伴一起不斷嘗試，最後終於完成了新的機器。這就是桃谷烏賊燒屋

的起源。那台機器是「紅外線式烏賊燒機」，也是鐵板上下合起來並一口氣加熱的烏賊燒元祖；也曾經發生有人自備雞蛋，老闆娘也真的特別加蛋製作的小插曲，真像是大阪下町會出現的故事。

材料只需新鮮的烏賊和小麥粉、水。完成準備工作後，隨著時間發酵就有了軟綿綿的麵團；發酵的訣竅是其他店家學不來的，全憑個人經驗。

自製醬汁是在伍斯特醬內加入各種店家秘方，稍加發酵以引出酸味，這也是店家獨有的口味。

低調且樸實的大阪名產桃谷烏賊燒，每年只有3次會出現在地方物產店內；天保山也有分店。

採訪時就看到很多人來買個5片、10片的。1片就非常大，烏賊的香味也讓人欲罷不能；不僅濃縮了烏賊的美味，同時也帶有甜味。烏賊燒或加蛋烏賊燒都是390圓。

店家資訊

桃谷烏賊燒屋　桃谷本店

用冰淇淋勺子挖起麵團並放於鐵板上，麵團不同於好吃燒，十分有黏性。再從上方降下鐵板並等候數十秒，上下都傳出熱氣及壓力，一口氣烘烤完成再抹上醬汁，並轉一圈包起來。我和齋藤先生說：「好像可麗餅哦。」，齋藤先生則回應：「在大阪的話，看到可麗餅會說好像烏賊燒哦。」原來烏賊燒才是前輩啊。

大阪市生野區桃谷2-21-28

無

11：00～賣完就結束

週二公休，並會不定時公休

法國田螺也可以利用這個強力的爐子烹調，光看就覺得很美味。

阿倍野

餐館丸吉（グリルマルヨシ）

—以煤爐製作的傳統洋食。

是間位於天王寺站和近鐵阿部野橋站往飛田新地方向，「阿倍野銀座」巷子裡的洋食店。烹調仍使用舊式煤爐，古老的看板上曾寫有「法式一品料理」的美麗文字。之所以使用過去式，是因為這家昭和21年（1946年）創業的名店，早已因都更而搬遷。現在則是以租客身分入駐「Via Abeno walk」（阿倍野步行商業區）。

高溫會從鍋底和周圍平均散發的煤爐，也因為搬遷而無法使用，但是仍提供廣受大家喜愛的燉牛肉和高麗菜捲等等

菜捲1600圓。控火名人渡邊先生說：「雖然是自古以來的洋食店都有的料理，但這裡的味道是獨一無二的。」墨西哥沙拉1,200圓。

自豪的料理。取而代之的是使用靠磚瓦支撐3公分厚鐵板的火爐。

這個爐子一旦關火就無法使用，所以需經常開著瓦斯以保持在600度，用餐高峰期大概會到1000度。爐子前面會產生超高溫，就算將手放在距離爐子50公分處也能感受到熱氣，所以烹調時相當辛苦。主廚渡邊治雄先生也說：「會操作的廚師大概沒幾個吧」。把小鍋放上後，沒多久裡面的湯就滾了。

菜單雖都是正統作法的洋食店料理，但即使是可樂餅也充滿傳統風味。

店家資訊

餐館丸吉

菜捲的高麗菜是整顆下去煮，表面跟中間的葉子都會受熱而變透明，是火爐才做得到的功夫。稍稍冷卻之後，再包入菜捲專用的原創絞肉。肉是使用牛排的牛肉和伊比利豬；高麗菜葉約使用7至8片；創業以來就維持著多明格拉斯醬和咖哩醬各半的醬汁，混在一起也是不錯的。

大阪市阿倍野區阿倍野筋1-6-1
Via阿倍野Walk 130

☎ 06-6649-3566

週二～週五，11：00～14：30（最後點餐），16：30～22：00（最後點餐）
週六、週日、國定假日，11：00～22：00（最後點餐）
※午餐～15：00
週二公休（遇國定假日則隔天休）

萩之茶屋

難波屋

簡直佛心的立飲店，同時也是展演空間。

小心翼翼製作的「滿腹小菜」。如果還擔心合不合店家成本的話，就是操心過頭了。

西成警察署所在的街道，有招牌上寫著「一晚1200圓」的商務旅館，和標著「80圓」的寶特瓶飲料販賣機，戴著棒球帽身著夾克的臨時作業員悠閒走過，像這樣釜釜崎**（編註：日本的貧民聚集區）**般的風景，正是這間立飲居酒屋店門前的日常風景。

難波屋雖是知名爵士音樂中心的展演空間，但外觀卻完全看不出來，因為展演空間是在立飲店的最裡面。

和大多數人相同，一開始去這家店都是為了7點開始的現場演出，演出前可以先立飲個幾杯。啤酒大瓶400圓（以下價格含稅）、高球酒300圓。小菜有肉豆腐、用大鍋煮的咖哩（沒有白飯，只

不敢相信居酒屋左側裡面就是現場演出的舞台。

有奶油炒麵糊）和麻婆豆腐，十分獨特但也可以填飽肚子，不管哪一道都在200圓左右。雖然會覺得很便宜，但實際上如果價格提高就不會有人點菜了吧。

雖然會對南區和梅田區的居酒屋店家有點不好意思，但真的在這間店吃過幾次之後，就會覺得造訪南區或梅田區居酒屋的人好傻。最近幾年不管在哪條街的居酒屋都開始看到的「蕃茄汁調酒」（トマチュー），其實早就是這家店的固定飲品，原因當然是「因為對身體好」。

幾乎天天都有音樂現場演出，不收門票和小費，而是會將鍋具傳下去，客人自由付費，大家也都覺得這樣很不錯。立飲區也能聽到音樂傳來，所以如果覺得不錯的話，就可以翻翻口袋準備好投錢，然後變換位置到最裡面坐著，仔細聆聽就可以了。

住在附近天下茶屋的Kaorinho藤原先生（カオリーニョ藤原，歌手名），是一位在全國表演「演歌Bossa Nova」的音樂人，每月會到這家店表演一次。我也在2016年3月參加了「今天的釜釜崎也是大好天　恭祝60歲！Kaorinho藤原慶生夜」（破例採用門票制）的現場演出活動。

某天我去了藤原先生的現場演出。當天的客群有藤原先生的粉絲，和喜愛這家店現場演出的客人各半；來客不論是女學生或白髮的男性都有。向老闆筒井先生詢問後，才知道當地和外來客各半。這間店的獨特氛圍，和南區及北區的展演空間都不同。

歌曲結束後，常客掌聲未歇，藤原先生忽然大聲叫「小薰」，原來是2007年開始的常客，當時店家還沒有現場演出。

開業後已經有100年以上歷史的路面電車阪堺線的高架橋。

Kaorinho藤原先生×中島徹（鋼琴手）的現場演出，讓人十分享受。

店家資訊

難波屋

網路可以找到現場演出日程。居酒屋的消費像是章魚生魚片100圓、麻婆豆腐100圓、炒麵250圓……等等，讓人為之驚豔的價格，但更讓我感到驚訝的是，這家店位置好遠。例如某個早上突然有了很大的空檔，讓我猶豫不決到底是要特意坐地鐵，單程就要240圓，又或者是在便利商店買罐裝調酒後在家獨飲，這時我才瞭解到這家店迷人的偉大之處。

大阪市西成區萩之茶屋2-5-2

無

8：00～03：00　全年無休

文里

文里松壽司（文の里松寿し）

─傳達大阪壽司本質的稀有店家。

我想讀者應該都知道Bateria（鯖魚壽司），這個有稜有角的正方體押壽司（箱壽司），有星鰻、小鯛、蝦子等不同的版本。

放上烤星鰻和小鯛、蝦子、煎蛋等等多種食材，同時內含調味的香菇和海苔的豪華版箱壽司，可以看做如同船場「吉野鮝」（P．104）的

無法言喻的美麗Bateria（鯖魚壽司）（400圓，含稅）。
可以從魚皮看出大廚分切時的細心。

「板狀壽司」。

說起來，不過是把原本就有許多單點壽司料的箱壽司，特別指出多了一款名為「Bateria」的鯖魚壽司罷了。Bateria（鯖魚壽司）是明治27至28年左右，順慶町（南船場）的「鮓常」從大阪灣大量捕獲的鮗魚中，購入兩條並使用在箱壽司上。尾巴直挺挺張開的樣子，和當時水上警察署的巡邏小艇相似，所以命名為Bateria（バッテーラ，葡萄牙語的小船）。之後因為鮗魚價格水漲船高，所以就固定改用便宜的鯖魚了。

文里松壽司的起源，正是井上松市先生在西成區天下茶屋創立的「松壽司」。自大正11年（1922年）迄今已近百年了。而從那跳槽出來的家人（松市先生的么弟）及學徒，以大阪市南部為中心，在八尾和豐中等周邊城市，不斷成立「松壽司」分店。

這時正好是東京來的握壽司和人氣Bateria（鯖魚壽司）箱壽司開始競爭的時候。這間「松壽司」有著創業者命為「桶壽司」的套餐，就是將盒

上圖／星鰻押壽司（600圓）夾有香菇。因為早上10點就要開店，所以一大清早開始就備料。中圖／可看到蝦子押壽司（600圓）中間夾著海苔，是完美的色彩比例。下圖／側面可以看出鯖魚切片十分厚實。不論是外觀還是味道都堪稱絕品、也十分適合配酒。

店面位於轉角，招牌在非商店街的那一側，是十分有昭和風味的字體。

子中間挖出半月形狀後，放入醋飯和小鯛的箱壽司，再加上散壽司。

戰後經濟高度成長以後，冷藏技術和運輸方式的發展及之後的美食熱潮，讓握壽司熱潮襲捲到了大阪，像這樣能完整呈現傳統大阪壽司的店家也變得更珍貴了。再加上各種箱壽司及店內完整保留「松壽司」的原型，似乎在述說著阿倍野文里的性格。

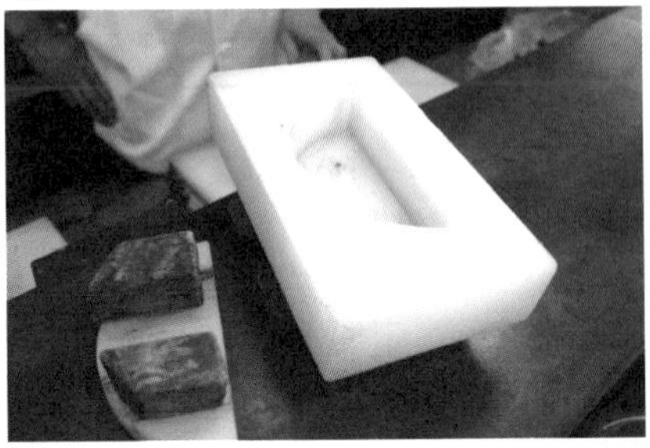

中圖／「桶壽司」用的模型。做成這個形狀的發想實在很棒。下圖／昭和流行設計、3色印刷的包裝紙。這個貼紙是當年廢除南海平野線，同時地鐵谷町線文里站完工時（約40年前）製作的。

店家資訊

文里松壽司

創業於昭和14年（1939年），即將邁入80個年頭的老店。雖歷經戰火，但門面仍保持當年的樣子，幾乎沒變。將紅、藍、黑3色塑膠板切割成「清酒、啤酒、壽司」的招牌燈，傳達著戰前的時代感。鯖魚壽司和星鰻、小鯛、蝦子和某種「押壽司」的外觀很美麗，吃一口就會讓人不禁想起「啊～就是這一味」，而變得開心起來，讓我下次也想帶意氣相投的朋友過來。

- 大阪市阿倍野區文里4-1-52
- 06-6621-1752
- 10：30～20：00　週二公休

大阪箱壽司的外觀送禮自用兩相宜。

近大前

寺前（てらまえ）

應該在東大阪品嚐好吃燒。

大阪市旁的東大阪聚集了許多美味的好吃燒店家。東大阪工商會議主辦的「東大阪好吃燒大賽」，過去也曾舉辦過4次，並有超過150家店鋪來參加。

近鐵大阪線長瀨站有了近畿大學前這個副站名。近大最近因「近大鮪魚」和成為最多考生志願而突然備受關注。下車之後，映入眼簾的是校舍通和有著懷舊風拱廊的商店街。除了有拉麵店和屋台風章魚燒店外，還有麻將店、書店、舊書攤等等大學週邊才有的店家，是條充滿懷舊氣氛的街道。

寺前位在近大正門路附近的小巷內，走進巷子馬上就會看到，店面新潮又時尚。雖然和以前的老舊洋食店或咖啡館形成對比，但也順利地融入這裡，是條不錯的學生街。

寺前創業於昭和53年（1978年），並把之前一直在生野經營的好吃燒店搬遷至現址。老闆鈴木博和先生的媽媽，將住所1樓做成好吃燒店（大阪常見的店鋪型態），不久便大受歡迎，雖然客層多為近大生和近大附中的學生，但偶爾會有當地老人家過來。

近大是以體育聞名的大學，常常可以看到大胃王運動員現身。現在，綜合社會學部事務部長兼水上競技部副部長的田中穗德先生，是首爾奧運的日本游泳選手代表。國中三年級時，從近大附屬高中游泳隊練習完回家途中，被前輩帶去這家店，因為太好吃了，就決定就讀近大附屬高中。他爽朗地笑著說：「因為從附屬高中進入近大，所以才能出賽奧林匹克，當時的決定沒錯」。

身為30年以上的老顧客，田中先生再怎麼推薦都還是摩登燒。綜合摩登燒（925圓，以下價格皆含稅）是在豬肉、烏賊、蝦子之外，快完成的時候會加上生雞蛋，再翻面變成半熟狀態，又是另一種美味。

老闆鈴木先生和其餘兩位好吃燒職人服務的方法，是利用店內的鐵板烹調好吃燒和炒麵，完成之後再快速把成品移至事先已點火加熱的客席鐵板。

比普通的店家大2倍的摩登燒。摩登燒的麵條未加任何調味料就直接放入。

早在2015年已引進「好吃燒機器」，並加裝在最裡面的鐵板上。老闆說：「200度、上下各4分鐘，就能做出3公分厚、表皮酥脆、中間鬆軟的極品。能比鐵板做出更美味的東西」。

尤需一提的是，這是家尖峰時段會一口氣湧入60人份訂單的人氣店。老闆也笑著說：「還好多了一台機器運作，真是幫了大忙」。東大阪真不愧是生產最前線暨好吃燒最前線的城市，同時也是獲得好吃燒大賽金牌殊榮的店。

接下來詳細介紹摩登燒的烹調作法。

和以前一樣是用鐵板烹調。首先在鐵板抹上一層薄薄的麵糊，放上高麗菜，再放入麵條。放入生麵條是「寺前」的作法，有細麵和粗麵兩種，點菜時我選了細麵。先放上烏賊、蝦子，之後才是豬肉，小心翼翼地整成圓形。再從上面淋上麵糊，翻面後繼續烘烤，再翻面一次。最後將放有餡料的那一面（上面），倒蓋在鐵板上的半熟荷包蛋，沾附雞蛋後再翻一次就完成了。最後淋上醬汁和美乃滋。

完成之後店員會說「麻煩你了」，外場服務生就會將放在大型畚箕狀板子上的好吃燒拿到客席。吧台席、餐桌席上有整組的海苔粉、柴魚片、七味粉、醬汁和美乃滋，覺得味

是御堂筋近10年才有的菜色。堪稱完美比例的大塊帶筋肉和泡菜的酸辣口味，和啤酒也很搭。970圓。

「內臟烏龍」970圓。把用於內臟燒烤的牛大腸，和烏龍麵一起做成摩登燒。牛大腸脂肪較多，烤得酥脆的表面飄散出香氣，再搭配略帶黏稠感的烏龍麵，實在是讓人無法抗拒，好想趕快吃一口。

道不夠的人可以依喜好添加。

不僅僅是摩登燒，這裡的好吃燒既大塊又厚實；但因為盡可能少放麵糊而多放高麗菜，所以感覺很輕，很快就可以吃光。綜合摩登燒有3種餡料、麵條和濃稠的半熟蛋，極富變化所以永遠吃不膩。

熱騰騰的好吃燒搭配冰涼的生啤（510圓），堪稱絕配。做為一家好吃燒店家，雖然是間新型態的時髦店家，但會注意高麗菜的水分和甜味，並配合不同季節氣候進行微調的職人技術，無庸置疑是一等一的。

不同的地區、店家、烹調方式，會做出不同的大阪好吃燒，講究的餡料和醬汁也會不一樣，而這間是最值得你專程前來東大阪品嚐的店家。

東大阪（市）高水準好吃燒的代表店家之一。

店家資訊

寺前

現在的店面曾在2012年改建過，現在帶有咖啡廳風格外觀，是間擁有很多座位的好吃燒店家。最大可容納70人、2樓還有4台6人用下挖式暖桌，可以舉辦好吃燒派對。但創業者的母親至今依舊堅持：「好吃燒是日常美食，所以即使把店擴大，弄得漂亮點，也不能提高價位哦」！所以好吃燒不僅配方不變，價位也始終維持在400圓，是間十分有人情味的店家。

- 東大阪市小若江4-12-24
- 06-6725-3271
- 11：00～14：30（最後點餐）
17：00～22：00（最後點餐） 週六、週日～21：00（最後點餐）週一公休（遇國定假日則隔日休）

祕密武器——好吃燒機器。完美的成品是生意興隆的祕技之一。

Final Special

為何提到燒肉就想到大阪呢？

老闆娘韓富江小姐，正在招待帶著好友回生野的胞弟哲秀先生。

桃谷

西光園

本店

「只要到了發薪日，老闆和員工就會一起來大口吃內臟燒肉，並當面發薪水。從大阪萬博左右開始，不論是製鞋業、鐵工廠或是鏡頭相關產業，直到泡沫經濟前的景氣真的很不錯」。

西光園本店老闆宋信勝這麼說。

被認為是燒肉、烤內臟大本營的大阪生野的桃谷勝山一帶，現場氣氛真的就是這種感覺。赫本涼鞋是用橡膠和化學材料製成的涼鞋，成為高度經濟成長期的成長產業，一手包辦這些的就是生野留日的韓國家內工業。

創立於昭和35年（1960年），是這一帶最老牌的內臟燒肉店。大阪第一間內臟燒肉店是位在桃谷勝山一帶的「土佐屋」（とさや），雖已在幾年前歇業，但乃是戰時的昭和19年（1944年）創業；同樣身為老店的還有創業於昭和22年，不久後發展為連鎖店的千日前「食道園」，以及鶴橋站前於昭和23年創業的「鶴一」。

烤內臟是牛的內臟燒肉，有一說這在大阪是由「放るもん」（意為「不要的東西」）轉化而成「ホルモン」（日文發音相同，意為內臟）的。最後成了「日本人不吃的內臟，由留日韓裔烤來吃」。

以前採訪時，土佐屋第二代老闆說。曾有從事畜牧相關的友人對第一代老闆說：「如果這些內臟可以不用被丟棄的話就好了」。之後老闆就用拖車將這些載回去了，這也是最初的契機。

讓人驚訝的是，雖是用韓式風格調味，但烹調的創意卻來自沖繩。烤內臟是由留日韓裔推廣開來的一種燒肉，至今仍流傳許多讓人感興趣的民間傳說。

現今已有各式出版品進行相關研究，比較妥當的說法，應認為「放るもん」是生野留日的人事後渲染並且大肆宣傳，；但這些說法能半真半假地流傳至今，也說明了烤內臟已確實成為日本社會生活的一部分。

無可挑剔的頂級牛舌（1人份1400圓）和腰脊心（1人份1300圓）。
不需要宣稱是黑毛和牛或是神戶牛，品質只要看了就知道。

燒肉即是生活

大阪市生野區的區民（人口13萬人），每4人就有1人是留日韓裔，有2區域聚集著內臟燒肉店；包含JR和近鐵高架下的鶴橋站西側區域，以及元祖烤內臟的土佐屋、西光園本店和以「平盆內臟鍋」聞名的萬才橋（万才橋）等名店群聚的桃谷勝山區域。位在這個區域偏中間位置的大阪市立御幸森小學，根據5年級學生的家長所說，一個30人的班級，約有25人是韓國人。

對於JR環狀線和近鐵、地鐵3個鐵道交錯處的大型轉運站鶴橋而言，即便從最近的JR桃谷站走路，也要15分鐘才能到桃谷勝山，是交通最不便的下町位置（有時也被稱為「陸上狹島」）。鶴橋站周邊宛若內臟燒肉區，擁有超凡知名度，但桃谷勝山從戰前就是留日韓裔群聚的生活場所，這裡的內臟燒肉才是真實的首爾食物。

這個區域有條貫穿東西的御幸通商店街，相互連接的生鮮食品店宛若「朝鮮市場」，曾支撐留日韓裔的生活。但１９９３年進行了五彩繽紛的樓面整治作業，再加上韓流熱潮以及不同串聯，才以「韓國街」的名義觀光化，進而廣為人知。所以內臟燒肉店可以分成三種：以吸引觀光客為目的的燒肉餐廳化，滿滿韓國色彩的大道新店；增加菜色，不只有肉和內臟的大型韓國料理店；隱藏在下町風情巷子內的小店。

為了人氣不衰而在創意上下工夫

西光園本店是第3間讓我可以感受到以前的風格、也是非常傳統的一家「內臟燒肉店」。這間店原本是道地留日韓裔風格的店家，早已進入第二、三代，店內氣氛也掌握得很理想，這些對於其他城市的來訪者而言很難能可貴。

在桃谷勝山一帶，即使是在像「韓國料理店」、「韓國風居酒屋」、「炭火烤內臟」、「牛肋條」、「冷麵」……等這種門簾或店名頭銜不同的店鋪內，也幾乎都可以吃得到燒肉、烤肉臟，而且每一家都好吃。招牌或門簾標示，只是方便消費者瞭解店家是何種模式，以及判別價位。加上住在附近的留日居民早已是常客，只要肉質稍稍有點下降，就會四處向人宣揚，不到三天生意就做不下去了。

只要是掛出「燒肉・內臟」門簾的店家，都有不同特色；可能是牛肚和牛大腸等內臟、里肌肉或牛肋條等紅肉、以及沾醬或辣度差異等等。西光園本店除了有帶骨牛肋條、里肌肉、五花肉、橫隔膜……等等眾多種類的紅肉，從牛大腸、頂級牛肚、氣管軟骨甚至牛心管都有，是一間內臟種類繁多的萬能店家；頂級牛舌（１４７０圓）有鹽味和沾醬口味，肉質很柔軟，也十分厚實。順帶一提，女老闆韓富江小姐介紹：「因為是甜味的沾醬，所以和白飯很搭」。

上圖／雖然是火爐，但因為不想沾上氣味，所以引進排煙管。下圖／親戚和朋友預約後來吃「多汁泡菜炒豬肉」。以濟州島的家庭料理為基礎，好想搭配白飯一起食用。

西光園本店是前代老闆西原芳光先生和母親一起開業的，店名就取自名字當中的「西」和「光」。生野和東大阪市周邊有許多名為「西光園」的內臟燒肉店，但這家是元祖店。位在生野區巽東的「西光園閑適」（西光園かんてき），是宋先生的兒子經營；東大阪的「西光園」是前代老闆的妹妹創立的，也成為始祖店之一。

根據西原先生的長女韓小姐所說，開店當初雖然有在火爐（七輪）上放一塊小鐵板再烤，和利用烤網烤的兩種燒肉模式，但不久就固定用烤網方式；成了讓油脂滴下來、邊冒煙邊烤肉和內臟的熟悉吃法。

第一代老闆西原先生是位廚藝很好、十分有創意的廚師，70年代左右因為將鯉生魚片搭配韓國味噌醬的「鯉魚之舞」（鯉のおどり）和「活鱉料理」而大受歡迎，更因為辨別肉類的好眼光和嚴格挑選採購、仔細整理食材，而成為內臟燒肉名店。向韓先生詢問當時的盛況後，他說：「門口當然每天大排長龍，人多到需要請他們去隔壁的咖啡館坐著等。如果客人太多，就連我和妹妹都要從學校回來幫忙。客潮源源不絕，就連營業到半夜也是常有的事。昭和50年代中期到60年代，這附近內臟燒肉店大大小小約有一百家」。看來是不斷從激戰區勝出後，才能營業至今吧。

在這個烤內臟的發源地，現在最讓我感興趣的是「炭火燒烤回歸」。除了西光園本店的招牌寫有「炭火燒肉」，很多店家也標榜「炭火」、「火爐」。實際上，看著員工在店外將火爐排排站，邊用扇子煽火的畫面，常常會湧出「啊～我正在吃燒肉」的真實感。

火焰在油脂上燃燒、炊煙冉冉上升的七煙燒肉烤內臟，會讓衣服和頭髮沾上氣味、臉也會變得油油的；很多客人不喜歡這樣，所以大阪的「食道園」等大型店家，從昭和50年代左右開始，早早就引進無煙烤爐。聽說瓦斯爐的形狀和吸煙設計需要很厲害的技術開發，但無煙烤爐一下子就推廣到全國了。

至此，就成了「野蠻的火爐＝B級烤內臟」、「無煙烤爐＝高級燒肉」的型態了。西光園本店也在1990年改建時引進了無煙烤爐，是這一帶最早引進的；但還是有許多人反應炭火烤得比較好吃，所以3年前開始將1樓改回火爐，也採用了最近開發的炭火火爐用排煙管（前頁照片）。

加了記憶才能如此美味

燒肉的世界逐漸被A5黑毛和牛和一次買一頭牛（編註：店家買進整頭牛，降低成本）、或是紅肉部位的板腱、上腿腱肉等等的美食記號資訊化了。客人一邊烤肉，一邊和親朋好友享用美食，慢慢的，「那家不錯吃」、「常常會有不錯的內臟」、「沾醬超棒的」等評語就會口耳相傳，客人便逐漸增加，從外地來的日本客也越來越多。生野一帶就這樣成為燒肉店群聚的地方。

在大阪北新地和南區等紅燈區，入夜後接待客戶，或是和俱樂部女公關同遊，常會看到店家展示燒肉吸客：這是但馬的、這是松阪的、這是山形的、這是米澤的，或是看看這個的霜降肉……早就見怪不怪了；在店門放著附照片的大型招牌「2380圓吃到飽」等廉價連鎖店，也是其中一種。

內臟是壓軸，尤其是菜單裡標有「推薦」的牛大腸。1人份是600圓。

　在這樣的店家吃到的內臟燒肉，會讓人覺得十分枯燥乏味，因為大阪的烤內臟燒肉等同對生野街道的記憶，也是我們和留日韓裔之間濃厚感情的接點。我們從小就理所當然地擁有留日的外國朋友，之後也有這樣的前輩、後輩，有時也是情人，這樣的大阪特色讓外地人似懂非懂。

店家資訊

西光園本店

現在的店鋪是1990年的3層樓建物改建。因為想打造一家生野沒有的店，所以設計石造的現代內裝並引進無煙火爐，但還是可以在這家店感受到昭和時期懷念的內臟燒肉店氣氛。肉和內臟是根據部位不同，向當地大阪或是堺和守口的業者購入；都是購買當時品質最好的，所以才如此出色。「赤」（紅肉系）指得是醬油沾醬、牛肚、牛大腸等等「白色內臟」加入味噌沾醬。那時有許多常客會依喜好指定辣度。自豪的沾醬是醬油色的透亮沾醬。隱藏版的味道是加入磨碎的洋蔥和葡萄酒，配方從創業開始基本上沒有變過，只有順應時代而稍稍調淡。韓式拌飯和韓式小菜等副菜也很好吃。

大阪市生野區桃谷4-19-13

06-6716-7295

17：00～22：00（最後點餐）週一公休

Orange Travel 14

大阪滋味

美食記者私藏的大阪街區美味情報

作者：江弘毅

出版發行

橙實文化有限公司 CHENG SHI Publishing Co., Ltd
粉絲團 https://www.facebook.com/OrangeStylish/
MAIL: orangestylish@gmail.com

作　　者　江弘毅
翻　　譯　鄭光祐
總 編 輯　于筱芬　CAROL YU, Editor-in-Chief
副總編輯　謝穎昇　EASON HSIEH, Deputy Editor-in-Chief
行銷主任　陳佳惠　IRIS CHEN, Marketing Manager
美術設計　亞樂設計
製版／印刷／裝訂　皇甫彩藝印刷股份有限公司
贊助廠商　CENTURION 百夫長旅行箱　饌旅 日本美食旅遊情報

編輯中心

ADD／桃園市大園區領航北路四段 382-5 號 2 樓
2F., No.382-5, Sec. 4, Linghang N. Rd., Dayuan Dist., Taoyuan City 337, Taiwan (R.O.C.)
TEL／（886）3-381-1618 FAX／（886）3-381-1620
MAIL: orangestylish@gmail.com
粉絲團 https://www.facebook.com/OrangeStylish/

經銷商

聯合發行股份有限公司
ADD／新北市新店區寶橋路 235 巷弄 6 弄 6 號 2 樓
TEL／（886）2-2917-8022　FAX／（886）2-2915-8614

初版日期 2020 年 1 月